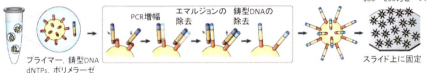

(a) エマルジョンPCR法の原理
1分子DNAがビーズ上に固定され、エマルジョンオイル内でPCR増幅される.

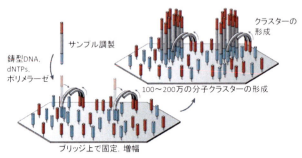

(b) ブリッジPCR法の原理
1分子DNAがアダプターを介してチップ上に固定され、固定された部位でPCR増幅される.

口絵1 次世代シーケンサーにおける鋳型DNA増幅方法（Metzker, 2010）(図4.5参照)
多数の鋳型DNAを1つの反応系で区分けして増幅する. エマルジョンPCR法(a)を用いた増幅では、鋳型DNAにアダプターを付加した後、各ビーズに1分子のDNAを固定し、それぞれのビーズ上で増幅する. 増幅後のビーズは、スライド上でばらばらになるように固定し、それぞれのビーズ上で塩基配列を同時に解読する. ブリッジPCR法(b)では、鋳型DNAにアダプターを付加した後、多数のアダプター認識部位をもつブリッジ上に1分子の鋳型DNAをランダムに固定し、固定された部位で増幅を行う. 増幅された分子クラスターの塩基配列を解読する.

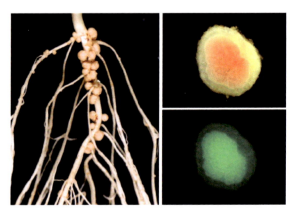

口絵2 ダイズ根粒と緑色蛍光タンパク質（gfp）遺伝子が組み込まれた*Bradyrhizobium*根粒菌が感染した根粒断面（図6.4参照）
根粒内部がレグヘモグロビンで赤く（右上図）、レグヘモグロビン存在部位に根粒菌の感染（緑色蛍光：右下図）が確認できる.

口絵3 （左）ハンノキ属ヤシャブシ（*Alnus firma*）の根粒と（右）ハンノキ属根粒のベシクル（九町健一博士提供）（図6.5参照）

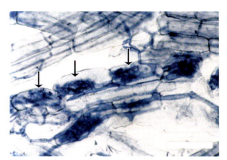

口絵4 ダイズ根に感染したアーバスキュラー菌根菌の樹枝状体（矢印：松原弘典氏提供）（図7.1参照）
トリパンブルー染色．縮尺は70μm．

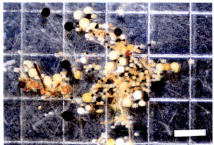

口絵5 ダイズ畑より分離されたアーバスキュラー菌根菌の胞子（松原弘典氏提供）（図7.2参照）
夾雑物を含む．縮尺は1.5mm．

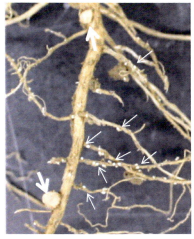

口絵6 エダマメの根に見られる根粒（太い矢印）とダイズシストセンチュウ（細い矢印）（図9.3参照）

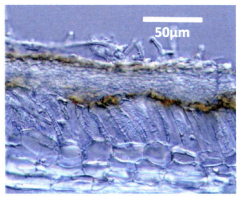

口絵7 コナラの根に感染した外生菌根菌ツチグリ（山中高史博士提供）（図12.1参照）
根の表面は菌糸の層（菌套：マントル）に覆われる．根の外縁部の細胞の間に菌糸が侵入して細胞を包み，ハルティヒ・ネットを形成する．細胞内へは菌糸は侵入していない．

実践土壌学シリーズ 1

土壌微生物学

豊田剛己

[編]

朝倉書店

編　集　者

豊　田　剛　己　　東京農工大学大学院農学研究院

執　筆　者

浅　川　晋　　名古屋大学大学院生命農学研究科

礒　井　俊　行　　名城大学農学部

浦　嶋　泰　文　　農研機構 中央農業研究センター

太　田　寛　行　　茨城大学農学部

大　塚　重　人　　東京大学大学院農学生命科学研究科

佐　伯　雄　一　　宮崎大学農学部

鮫　島　玲　子　　静岡大学学術院農学領域

竹　腰　恵　　片倉コープアグリ株式会社

豊　田　剛　己　　東京農工大学大学院農学研究院

中　川　達　功　　日本大学生物資源科学部

西　澤　智　康　　茨城大学農学部

原　田　直　樹　　新潟大学農学部

藤　井　一　至　　森林総合研究所

村　瀬　潤　　名古屋大学大学院生命農学研究科

森　﨑　久　雄　　立命館大学生命科学部

横　田　健　治　　東京農業大学応用生物科学部

渡　邉　健　史　　名古屋大学大学院生命農学研究科

（五十音順）

は じ め に

　土壌微生物は土壌中で営まれる無数の物質変換の多くを担う．ヒトになぞらえ
ると，さまざまな臓器にあたる．それぞれの臓器が生きていく上で必須な諸反応
を司るように，土壌中には多種多様な機能を有する微生物が棲息し，それらの活
動の結果が土壌を健全なものとしている．炭素や窒素の循環はいうまでもなく，
リン，硫黄，その他多くの元素の循環は微生物作用の賜である．ヒトは時折体調
不良になったり，病に冒されたりする．土壌も同様で，植物に対してさまざまな
悪影響をもたらす微生物が棲息し，時折それらの活動が高まり被害をもたらすが，
平時は土壌中に棲息するその他の微生物との相互作用によって，目立った被害は
出ていない．以上はほんの一例で，限られた紙面では紹介しきれない圧倒的な数
の有用微生物が土壌中には棲息しているのである．

　上記のことを本書籍の刊行要旨として 2016 年 7 月に書いたのだが，その 4 カ月
後，モントゴメリー（D. R. Montgomery）とビクレー（A. Biklé）著『土と内臓
（微生物がつくる世界）』（片岡夏実訳，築地書館，2016）と題する書籍が発表され
た．その中で，「植物の根と，人の内臓は，豊かな微生物生態圏の中で同じ働き方
をしている」と評され，「腸内細菌バランス異常が，肥満，ある種のがん，喘息，
アレルギー，自閉症，循環器疾患，糖尿病，うつ，多発性硬化症など数々の病気
の主な原因として研究されており，腸のマイクロバイオーム検査が，体温や血圧
と並んで個人の健康の指標となる日が来る」ことが予想され，これを土に適用す
ると「作物の違い，育つ土壌の違い，さまざまな地域と気候に合わせて土壌微生
物を適用させることが，持続可能な農業の基本理念」と結論された．この本は発
表からわずか 1 年 4 カ月で 7 刷まで発行されるほど好評を得ている．土壌微生物
研究は，追い風の中にあるといってよい．

　社会情勢を見ると，TPP（環太平洋パートナーシップ協定）から発展したCPTPP
（包括的かつ先進的 TPP 協定）が 2017 年 12 月に大筋合意となり，参加 11 カ国の

国内総生産が世界経済の13%にも及ぶ巨大市場の確立に向け動きはじめた．このため，国内農業のさらなる競争力の強化が喫緊の課題である．一方，地球温暖化や気候変動が着実に進展してきている中，現代農業の化石燃料への過度の依存といった背景を鑑みると，今後，持続的な農業を確立していく重要性がますます高まる．それには，環境負荷を最小限にとどめながら生産性を高めるという，これまでにない難題が待ち構えている．

　作物が生育期間に吸収する窒素の由来を見てみると，意外かもしれないが，施肥した窒素よりもそれ以外の窒素の方が量的に多い．こうした窒素は土壌微生物のはたらきによってはじめて作物が吸収できるようになる．農業由来の水系の硝酸汚染，温室効果ガスのメタン・一酸化二窒素（亜酸化窒素）発生が叫ばれて久しいが，土壌微生物活動の制御によりこれらの環境負荷を低減できる可能性がある．持続的な作物生産を成し遂げるには，土壌微生物のはたらきを熟知し活用することが必須である．

　2003年にヒトゲノム解析が完了し世界を席巻した．当時は何年も要したヒトゲノムの塩基配列決定が近年では一日足らずになるなど，次世代シーケンサーを用いたゲノム解析技術の発展が目まぐるしい．メタゲノム解析や微生物ゲノム解析についてもさまざまな受託解析サービスが国内外で生まれ，土壌微生物研究にも応用されるようになった．

　土壌微生物を取り巻く状況が大きく変化してきた中，土壌微生物に関する教科書は，『新・土の微生物 (1)〜(10)』（土壌微生物研究会編，博友社，1996-2003），『土壌微生物生態学』（堀越孝雄・二井一禎編著，朝倉書店，2003），『改訂版　土の微生物学』（服部　勉他，養賢堂，2008）などいずれも発行から10年以上経過した．本書では最新の研究成果を踏まえ，土壌微生物の魅力と可能性をさまざまな角度から紹介した．土壌微生物に興味を持たれた方の少しでもお役に立てれば幸いである．

　2018年7月

豊田剛己

目 次

第1章　土壌生成と微生物 ……………………………………… ［太田寛行］…… 1
  1.1　微生物の定着と風化 …………………………………………………………… 1
  1.2　炭素蓄積と CO_2 固定微生物 ………………………………………………… 2
  1.3　エネルギー代謝と窒素代謝 …………………………………………………… 4
  1.4　今後の課題 ……………………………………………………………………… 6

第2章　微生物の棲み処としての土壌 ……………………………… ［森﨑久雄］…… 7
  2.1　土壌の団粒構造 ………………………………………………………………… 7
  2.2　植物根圏 ………………………………………………………………………… 13
  2.3　土壌のホットスポット ………………………………………………………… 15

第3章　土壌微生物の種類と特徴 ……………………………………… ［大塚重人］… 17
  3.1　分類の階級 ……………………………………………………………………… 17
  3.2　生物の分類 ……………………………………………………………………… 17
  3.3　細菌（バクテリア） …………………………………………………………… 20
  3.4　アーキア ………………………………………………………………………… 25
  3.5　真　菌 …………………………………………………………………………… 26
  3.6　原生生物 ………………………………………………………………………… 27
  3.7　藻　類 …………………………………………………………………………… 27
  3.8　ウイルス，ウイロイド ………………………………………………………… 28

第4章　おもな研究手法 ……………………………………………… ［渡邉健史］… 30
  4.1　希釈平板法 ……………………………………………………………………… 30
  4.2　化学分類学的手法 ……………………………………………………………… 31
  4.3　分子生物学的手法 ……………………………………………………………… 32

iv　　　　　　　　　　目　　　次

　4.4　バイオログ……………………………………………………… 39
　4.5　研究目的と手法 ………………………………………………… 40
　コラム1　次世代シーケンサーを用いた土壌微生物研究 ………［西澤智康］… 40

第5章　窒素循環を担う微生物 ………………………………………… 43
　5.1　窒素無機化 ……………………………………………［鮫島玲子］… 43
　5.2　硝　化 ………………………………………………［中川達功］… 45
　5.3　脱　窒 ………………………………………………［鮫島玲子］… 47

第6章　有用微生物1―窒素固定細菌―………………………［佐伯雄一］… 51
　6.1　窒素循環と窒素固定細菌 ……………………………………… 51
　6.2　ニトロゲナーゼと窒素固定 …………………………………… 53
　6.3　根粒菌とマメ科植物の共生 …………………………………… 58
　6.4　フランキアとアクチノリザル植物の共生 …………………… 68
　6.5　シアノバクテリアと植物との共生 …………………………… 70
　6.6　単生（非共生）窒素固定細菌 ………………………………… 71
　6.7　生物的窒素固定の応用に向けて ……………………………… 74

第7章　有用微生物2―リン吸収促進微生物― …………［礒井俊行］… 75
　7.1　菌根菌 …………………………………………………………… 75
　7.2　リン溶解菌 ……………………………………………………… 77
　7.3　応用例 …………………………………………………………… 78

第8章　有用微生物3―植物生育促進根圏微生物― ……［横田健治］… 80
　8.1　植物生育促進のメカニズム …………………………………… 80
　8.2　植物生育促進根圏細菌（PGPR） …………………………… 86
　8.3　植物生育促進糸状菌（PGPF） ……………………………… 87

第9章　植物病原微生物の種類と制御 ………………………［豊田剛己］… 88
　9.1　我が国の土壌病害の現状 ……………………………………… 88
　9.2　植物病原微生物の種類 ………………………………………… 91
　9.3　植物病原微生物の制御 …………………………………………102

目　　　次　　　　　　　　v

第10章　水田微生物の特徴と生産性とのかかわり………………［村瀬　潤］…110
10.1　水田土壌の構造…………………………………………………………110
10.2　水田微生物の多様性と機能 ……………………………………………113
10.3　水田土壌における酸化・還元反応と微生物 …………………………119
10.4　肥培管理と微生物………………………………………………………123
10.5　地球温暖化との関係……………………………………………………127

第11章　畑の微生物の特徴と生産性とのかかわり………………［浦嶋泰文］…129
11.1　畑の微生物の多様性と機能 ……………………………………………129
11.2　作物との関係……………………………………………………………132
11.3　肥培管理との関係………………………………………………………134
11.4　温暖化との関係…………………………………………………………138
コラム2　堆肥化過程の微生物………………………………………［浅川　晋］…139
コラム3　有機農法の微生物…………………………………………［豊田剛己］…141

第12章　森林の微生物………………………………………………［藤井一至］…144
12.1　森林微生物の多様性と機能 ……………………………………………144
12.2　物質循環…………………………………………………………………151

第13章　微生物による環境汚染物質などの分解…………………［原田直樹］…156
13.1　残留性有機汚染物質（POPs）…………………………………………156
13.2　揮発性有機塩素化合物…………………………………………………160
13.3　有機フッ素系化合物……………………………………………………161
13.4　農　薬……………………………………………………………………163
13.5　鉱油類……………………………………………………………………167
コラム4　微生物農薬・微生物資材の現状…………………………［竹腰　恵］…171

引用文献………………………………………………………………………………173
参考文献………………………………………………………………………………185
索　　引………………………………………………………………………………189

1

土壌生成と微生物

　土壌生成とは，岩石が変質して土壌になるまでの過程である．その過程には風化作用と土壌生成作用が含まれる．風化作用とは，岩石（母岩）から土壌の母材を生じる作用であり，岩石の物理的な崩壊と化学組成の変化が起こる．一方，土壌生成作用は，母材の変質である．大羽・永塚（1988）は，土壌生成作用を「生物および有機物の存在下において，母材から層位分化した一定の形態的特徴をそなえた土壌体が生成される過程」であるとした．さらに，土壌生成作用での化学成分の変化に着目して，①土壌物質の無機成分の変化を主とする作用（初成土壌生成作用，粘土化作用など），②有機成分の変化を主とする作用（腐植集積作用など），③無機および有機土壌生成物の変化と移動を主とする作用（ポドソル化作用，グライ化作用など），の3つに分類している．

　本章では，土壌生成作用の初期段階（初成土壌生成）に焦点をあてる．その過程での定着生物相は，微生物からはじまり，地衣類→蘚苔類→イネ科草本に遷移すると理解されてきた（大羽・永塚，1988）．ここでは，火山噴火堆積物を対象とした研究を中心に，初成土壌生成における微生物の定着や，炭素や窒素の蓄積と微生物の関係について解説する．

1.1　微生物の定着と風化

　アイスランドの溶岩堆積物の調査では，堆積後3〜5カ月で10^6/gの細菌数（直接検鏡法）が検出されている（Kelly $et\ al.$, 2014）．三宅島2000年噴火の火山灰堆積物では堆積後3.5年の時点で10^8/gの細菌数に達していた（藤村他，2011）．一方，細菌と比べると真菌の定着は遅く，三宅島2000年噴火の火山灰堆積物では，堆積後11年でも，真菌のバイオマーカーであるエルゴステロールの含量は，0.01 μg/g以下（一般的な畑地土壌の場合の0.03%以下）であった（Guo $et\ al.$,

2014）．地衣類に関しては，ハワイ島のマウナロア火山とキラウエア火山の堆積後10年と17年の溶岩流地帯で地衣類の定着が観察され，年間降水量が高くなるほど，地衣の分布密度が高まったと報告されている（Kurina and Vitousek, 1999）．

風化は物理的および化学的な作用として考えられてきたが，化学的作用に微生物がかかわることがわかってきた．たとえば，花崗岩から分離した細菌には，花崗岩を溶解して鉄やカルシウム，カリウムなどを溶出する活性があり（Frey *et al.*, 2010），ブナ科の菌根菌と共存する細菌には黒雲母を溶解して鉄を溶出する活性が報告されている（Calvaruso *et al.*, 2010）．これらの細菌の多くはβ-プロテオバクテリアのグループである（Lepleux *et al.*, 2012）．三宅島の2000年噴火火山灰堆積物地帯での植生回復と堆積物中の微生物相の関係を調べた結果では，オオシマカンスゲの分布割合の上昇にともないβ-プロテオバクテリアに属するオキザロバクター科細菌の存在割合が増加した（Guo *et al.*, 2014）．初成土壌では，このような微生物による風化の促進によって無機イオンが供給され，植物の生育が促進すると推察される．

1.2 炭素蓄積とCO_2固定微生物

土壌に含まれる元素の中で，炭素と窒素は大気に由来する．たとえば，雨などに溶け込んで地表に降る「湿性降下」や，乾いた粒子などの形で降る「乾性降下」のような現象で土壌に流入する．微生物のはたらきによるCO_2固定やN_2固定も重要な流入経路である．CO_2固定を行うパイオニア微生物として，一酸化炭素（CO）やH_2を酸化してエネルギーを獲得する独立栄養細菌（ケモオートトローフ）が注目される（King, 2003）．ハワイのキラウエア火山の噴火堆積物でのCO酸化とH_2酸化の *in situ* 活性から，CO_2固定活性がそれぞれ0.025，1.46 g/m^2/年になると推定された．このH_2酸化による炭素の流入速度は，乾性降下や湿性降下（推算で，それぞれ0.025〜0.05 g/m^2，0.12 g/m^2/年）よりも10倍以上高い．

次に，火山噴火堆積物や氷河の後退で現れた土壌の炭素の蓄積速度を計算するために，全炭素量の時間変化をプロットした結果を図1.1に示す．試料群間での炭素の蓄積速度は異なるが，全プロットの累乗回帰の関係式

$$y = 0.048x^{1.05} \quad (x：時間（年），y：全炭素または有機炭素量），r^2 = 0.67$$

から，全炭素量が1%（10 gC/kg）の土壌になるには約160年かかると推算され

1.2 炭素蓄積と CO₂ 固定微生物

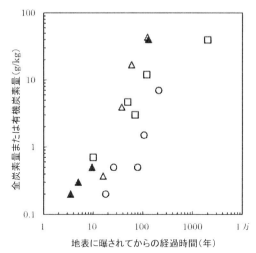

図 1.1 火山噴火堆積物または氷河の後退で現れた土壌の全炭素量または全有機炭素量の時間変化（太田他，2015）
○，ハワイ・キラウエア火山の噴火堆積物；▲，三宅島火山の噴火堆積物（藤村他の調査地点）；△，三宅島火山の噴火堆積物（加藤他の調査地点）；□，スイス・ダンマ氷河の退氷部．

る．

　CO_2 を固定するケモオートトローフは，有機物を利用できる通性のタイプ（多くの H_2 酸化菌）と CO_2 のみを使う偏性のタイプがある．ハワイのキラウエア火山の堆積物やフィリピン・ピナツボ火山の泥流堆積物では，通性のタイプが特定されている（太田他，2015）．また，三宅島 2000 年噴火堆積物では偏性タイプの鉄酸化細菌が主要であった（Fujimura et al., 2016）．後者では，堆積物が酸性で 2 価鉄を含むことで，鉄酸化細菌に対して優位にはたらいたと考えられる．さらに，メタゲノム解析で CO_2 固定遺伝子の相対存在量を推定すると，噴火堆積後 3.5 年～9.5 年の試料ではカルビン回路の鍵酵素遺伝子（rbcL）の相対存在量が非常に高かった（Fujimura et al., 2016；図 1.2）．その系統を調べると，やはり偏性タイプの鉄酸化細菌が主要であった．

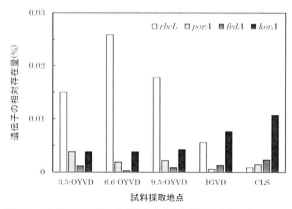

図 1.2 三宅島 2000 年噴火堆積物に定着した微生物群集がもつ Rubis-CO 遺伝子（rbcL）と還元的 TCA 回路の遺伝子（porA, frdA, korA）の相対存在量（Fujimura et al., 2016 のデータより作図）試料は，三宅島雄山（標高，約 550 m）で，火山ガスの影響が強かった地点と小さかった地点の火山灰堆積物（それぞれ，OYVD と IGVD），そして山麓に位置し火山噴火の影響がなかった森林土壌（CLS）をメタゲノム解析した．火山灰堆積物は，噴火堆積後 3.5 年（3.5-OYVD），6.6 年（6.6-OYVD），9.5 年（9.5-OYVD）に採取したものを解析した．

1.3 エネルギー代謝と窒素代謝

ケモオートトロフの水素酸化菌による CO_2 固定作用がわかってきたが，大気中の H_2 濃度は，550 ppbv 程度である（Conrad, 1996）．このような低い濃度でも，有機物が非常に少ない初成土壌では微生物の重要なエネルギー源になっている．King（2003）は，キラウエア火山の堆積物での H_2 酸化速度の実測値から，有機栄養代謝（= CO_2 生成）に対する無機栄養代謝（H_2 酸化）の比率を計算した（図 1.3）．無機栄養/有機栄養代謝の比率は，堆積後 41～200 年の試料（有機炭素含量，0.05～0.7 %）で 12～24 % である．これは，有機炭素含量が 20 % に達する堆積後 300 年の土壌試料（比率は 1 %）と比べると，十分に大きな寄与率といえる．先に述べたように，三宅島 2000 年噴火堆積物では鉄酸化細菌が優占し，無機栄養代謝として鉄酸化が主体であった．上述のメタゲノム解析の結果では，鉄酸化の遺伝子以外に H_2 酸化と CO 酸化の遺伝子も検出されており，実際の微生物生態系では複数の無機栄養代謝がかかわっていることが推察される．

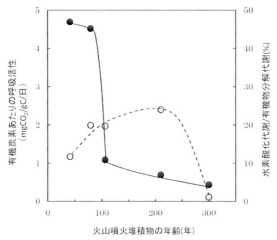

図 1.3 ハワイ島キラウエア火山噴火堆積物中の微生物生態系のエネルギー代謝
●, 火山噴火堆積物中の有機炭素あたりの微生物呼吸活性；○, 微生物生態系の有機栄養代謝（酸素呼吸）に対する無機栄養代謝（水素酸化）の割合（データは King, 2003）．試料の有機炭素含量：I-C, 0.05%；I-D, 0.15%；I-E, 0.7%；II-B, 0.5%；II-C, 20.4%．

　初成土壌での微生物生態系のエネルギー代謝を考える上でのもう一つの重要な点は，微量ではあるが，その有機物の性状である．キラウエア火山の堆積物で，堆積年齢と有機炭素あたりの呼吸（CO_2 生成）速度の関係をみると（図 1.3），有機炭素量の低い堆積物ほど呼吸活性は高い．これは，土壌微生物が利用しやすい易分解性有機物（たとえば，微生物菌体）の割合が若い堆積物で高く，有機物の集積が進んだ古い堆積物では少ないことを意味している．古い堆積物では，植物由来の有機物，とくに，リグニンのような難分解性物質の割合が高いことが原因であろう（Guo et al., 2014）．

　初成土壌でのパイオニア微生物のもう一つの重要な機能は窒素固定である．三宅島の噴火堆積物の場合，CO_2 固定にかかわる鉄酸化細菌には窒素固定活性があり（Sato et al., 2009），メタゲノム解析でも，窒素固定遺伝子（nifH）の主要な系統は鉄酸化細菌であった（Fujimura et al., 2016）．窒素循環全体についてみると，nifH の相対存在量が高い（図 1.4）．nifH の系統を調べると，堆積物のエイジング（3.5 年→9.5 年）とともに，鉄酸化細菌から従属栄養細菌に遷移していた．脱窒

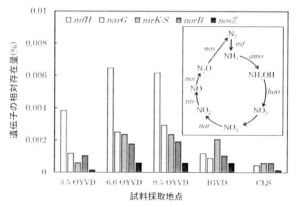

図 1.4 三宅島 2000 年噴火堆積物に定着した微生物の窒素循環（挿入図）にかかわる遺伝子の相対存在量（Fujimura et al., 2016 のデータより作図）
試料の説明は図 1.2 と同様．

系の遺伝子（*narG, nirK/S, norB, nosZ*）の割合も高くなる傾向がみられた．一方，硝化遺伝子（*amoA*）は検出限界以下であった．堆積物の全窒素は堆積後 9.5 年たっても低い（0.1 mg/g）ことから（Fujimura et al., 2016），まだ硝化菌の増殖を促す環境にはなっていないと考えられる．

1.4　今後の課題

この 10 年あまりの研究で，大気中の微量な H_2 を利用するケモオートトロフの特性があきらかにされた．また，火山環境では，三宅島のように 2 価鉄の存在もケモオートトロフの定着を促進することがわかってきた．そのほかの基質としては，硫黄も重要である．このような微生物の供給源の 1 つとして，大気の塵が考えられる．Chadwick et al.（1999）は，偏西風によって，中央アジアからハワイに運ばれる塵（黄砂）によるリンの輸送が大きいことを指摘した．日本付近での大気塵の乾性降下速度はハワイ付近（250 ± 500 mg/m^2/年）の約 4 倍と見積もられている（Nakai et al., 1993）．塵には微生物が付着しているので，その微生物群集が初成土壌の微生物生態系の形成にどのようにかかわっているかは今後の研究課題である．

太田寬行

2

微生物の棲み処としての土壌

　土壌には莫大な数の微生物が棲み，これら微生物のはたらきは地球規模の影響を自然環境に与えている．土壌はまた，微生物をはじめ植物，土壌動物等さまざまな生物が互いに相互作用し合う場となっている．その結果，土壌は時とともにその姿を変えていく．本章では，2つの側面「団粒構造および植物根圏」から，物理的，化学的，および生物学的諸要素がどのように関連し合い土壌を形作っているか，またその変遷を押し進めているか，について最近の知見も含め整理した．

2.1　土壌の団粒構造

2.1.1　土壌の形成

　土壌は陸地の表面を覆い，その下には基岩が存在する．土壌の厚みは全地球平均でわずか 18 cm 程度と非常に薄い．しかし，この土壌には地球上で最も複雑な棲息環境が形成され，さまざまな生物が活動している．

　土壌は，物理的，化学的，生物学的な諸過程を経て，長期間かけて形成される．岩石は圧力・温度の変化，水の凍結，乾・湿の繰り返し，炭酸による溶解などの物理的，化学的要因により風化される．これに生物のはたらき（藻類，地衣類，コケ類，植物の光合成による有機物生産，それに支えられた微生物の増殖，呼吸，代謝産物の分泌，植物の根の伸張，ミミズなどの土壌動物による撹拌・通気作用など）が加わり土壌が形成されていく．

　このような土壌の形成は，重力に沿って水が流れる方向，上から下へと進む．その結果，土壌は横からみるといくつかの層を形成するようになる（図 2.1A）．

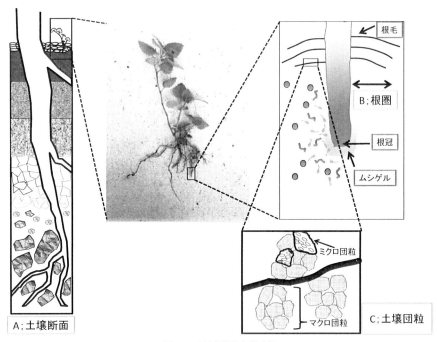

図2.1 土壌と植物と微生物
A：犬伏・安西（2011），B：Philippot *et al.*（2013），C：服部・宮下（1996）を改変．

2.1.2 土壌の特徴
a. 土壌の団粒構造と比表面積

土壌は，①細かな粒子からなり，②それらが複雑に組み合わされた構造性を有している．すなわち，砂，シルト，粘土（粒径が各々0.02～2.0 mm，0.002～0.02 mm，0.002 mm 以下）の細かな粒子が有機物（微生物の産生した多糖類，そのほかの細胞外代謝産物，微生物細胞そのもの，腐植など）によってつながれ，直径10～60 μm 程度の凝集体（ミクロ団粒）を形成している．これらミクロ団粒が，多糖類や糸状菌の菌糸など，あるいはミミズなど土壌動物の腸内や植物根のまわりでの凝集・結合作用によってより大きな（直径200 μm 以上）マクロ団粒に組み入れられる（図2.1C）．このように土壌の構造には階層性がみられる．

凝集体を形成する粒子間，あるいは凝集体の間にはさまざまな大きさの孔隙が存在する．ミクロ団粒内部には微生物や植物の生活に適した水分を保持できる直

径数 μm 以下の毛管孔隙が，マクロ団粒を形作っているミクロ団粒の間にはそれより大きい非毛管孔隙が，発達している．このように土壌は多孔質の構造をもつ．

物質を砕くと新たな表面が現れる．一方，砕く前と後で質量は変わらないので，ものは細かくなるほどその単位質量あたりの表面積（比表面積）が大きくなる．土壌は細かな粒子からなるので，その比表面積は数 m²/g から数百 m²/g にも達する．この広さは 1 μm² の数兆〜数百兆倍にもなる．微生物（μm サイズ）にとって土壌は非常に広大な棲み場所になり，また土壌粒子の表面の性質が微生物に大きな影響を与えうることがわかる．

b. 土壌の荷電とイオンの保持，交換

粘土は種々の要因（詳細は参考文献を参照のこと）により，通常負の電荷をもっている．土壌中の有機物もまた負の電荷（カルボキシル基，水酸基などの電離による）をもつ．

これら負電荷によりまわりから陽イオンが引き付けられる．この陽イオンは土壌溶液中のほかの陽イオンと平衡関係にあり，交換しうる．交換する陽イオンの量はそれを保持している土壌の負電荷量に相当する．

土壌のもつ負電荷の総量は交換される陽イオン量より得られ（通常，土壌 1 kg あたりの陽電荷量として示される），陽イオン交換容量（cation exchange capacity：CEC）とよばれる．その値は土壌に含まれる粘土鉱物，有機物の種類・含量によって異なる．多くの土壌では 150〜200 mmol/kg の程度である．

平衡関係にあれば，たとえば，土壌溶液中の K⁺ の濃度が増えると，土壌に吸着している Na⁺ と，あるいは 2 つの K⁺ が 1 つの Mg²⁺ と交換したりする（同量のプラス荷電が交換されていることに注意）．このような陽イオンの交換は，イオンの濃度のほかに吸着親和性にも支配される．イオンの吸着親和性は荷電密度が大きいほど高くなる．すなわち，イオンの価数が多いほど，またイオンのサイズが小さいほどイオンの吸着親和性は高くなる．Al³⁺ のように多価で小さな陽イオンの吸着親和性は高く，1 価でよく水和した Na⁺ のようなイオンの吸着親和性は低い．土壌中によくみられる陽イオンを吸着親和性の順に並べると，次のようになる．

$$\text{Al}^{3+} > \text{Ca}^{2+} = \text{Mg}^{2+} > \text{K}^+ = \text{NH}_4{}^+ > \text{Na}^+$$

土壌のもつ荷電・イオン交換能，非常に大きな比表面積は，土壌溶液中の種々の溶質，あるいは微生物細胞の吸着，付着を通じ，土壌中の微生物の活性に大き

な影響を及ぼす.

　土壌に吸着したイオンは土壌溶液中のイオンと平衡関係にあり，溶液中のイオンの消費（たとえば，微生物や植物根による吸収）にともない土壌から溶液に供給される．この陽イオンが微生物の増殖，生残に必要なもの（たとえば，K^+，NH_4^+，Ca^{2+}など）であれば，長期間の微生物活性の維持に役立つが，重金属イオンのように有害（たとえば，Cd^{2+}）であれば，汚染土壌として長期間問題となってしまう．また，溶液中のプロトン（H^+）が増えても，それが土壌に吸着したほかの陽イオンと交換すれば，溶液中の急激な pH 変化が抑えられる．このように土壌は pH 緩衝能も発揮する．このとき，吸着したプロトンにより土壌粒子近傍の pH は低くなるので，粒子表面に吸着した微生物や酵素の活性が影響を受けるようになる.

　土壌の陽イオン交換容量と同じく，土壌 1 kg あたりの正荷電の量を陰イオン交換容量（anion exchange capacity：AEC）という．AEC は測定が困難だが，対象となる土壌の pH とそれに対応する荷電量から，土壌の荷電特性を理解するのに役立つ.

2.1.3　土壌中の有機物

　土壌中の有機物として，①生きた動物・植物根・微生物，②これらの死んだもの・分解途上のもの，あるいは，③これらの分解プロセスで形成される不均一な高分子（腐植），があげられる.

　通常の土壌は栄養分の少ない貧栄養の状態にある．利用可能な栄養を微生物が使ってしまうからである．このような土壌中で動物，植物，微生物などのバイオマスが分解されると，その過程で，糖類，アミノ酸，脂質，フェノール性物質などさまざまな物質が土壌中に放出される．すぐに分解されるものがある一方，難分解性のものは残る．難分解性の物質は自発的にあるいは酵素により重合し高分子物質である腐植を形成する.

　腐植は分子量が 700～30 万程度の 3 次元構造をもったスポンジのような物質で，親水性・疎水性部分をあわせもち，種々の物質を吸着することができる．また，カルボキシル基・フェノール性水酸基の電離により負電荷を帯び土壌の CEC に寄与するとともに，さまざまな溶質，微生物細胞の吸着に関与する.

　腐植は正味の負電荷および大きな比表面積を有する点で粘土と類似している.

しかし，有機物である腐植は，ゆっくりとではあるが微生物により徐々に分解され，その活性を支えている．有機物含量が比較的安定した土壌では，有機物の供給（おもに植物による）と分解が釣り合っている．そのような土壌では，1年の間に，土壌有機物中の安定した画分の2〜5%程度が無機化され，そこに土着している微生物（autochthonous）のゆっくりとした増殖を支える炭素源，エネルギー源となっている．

2.1.4　土壌の水

土壌の水，つまり土壌溶液にはさまざまな有機物，無機物が溶けている．多くの金属のイオンは酸性側でより溶けやすいので，それらイオンの流亡，あるいは毒性が問題になる場合がある．しかし，アルカリ側ではイオンの溶解度が小さい．その結果，わずかに酸性（pH 6.0〜6.5）の条件下で，微生物や植物の活性が最も高くなる．

水の動きにともない水に溶けたさまざまな物質が土壌中を移動する．水はまた物質が拡散していく媒質でもある．化学的・生物学的な反応において，水は溶媒あるいは反応物としても重要な役割を果たしている．水分子は，極性および水素結合により，自身が凝集し，また土壌粒子に吸着するようになる．土壌がどれだけの水を含むかは，土壌に占める水の重量あるいは容量で示すことができる．土壌の水分条件はまた次に述べる水ポテンシャルでも表される．

土壌中のある箇所に存在する水の単位体積あたりの自由エネルギーをその水の水ポテンシャルという（通常 kPa 単位で表し，1 気圧（atm）は約 100 kPa；なお「圧力＝力/面積＝力・長さ/面積・長さ＝エネルギー/体積」の関係がある）．水は水ポテンシャルの高いところから低いところに移動する傾向がある．土壌の水の水ポテンシャルは，次の3種類の力と関連している．①水自身の凝集力，土壌中の無機あるいは有機物粒子表面への水の吸着力（マトリックポテンシャルの要因となる力），②浸透圧に由来する力，および③重力である．①および②の力は水ポテンシャルを下げ（自由水を基準（0）にするので，水ポテンシャルはマイナスの値をもつようになる），水を土壌に保持する方向にはたらき，一方③の重力は土壌から水を流出させる方向にはたらく．これら3者の力が釣り合ったとき，たとえば，降雨の後，①および②の力で保持できる以上の余分な水が重力により流れ去って，平衡状態にあるときの土壌水分の状態を圃場容水量（field capacity）とい

う.

　土壌がどれだけの水を保持できるかは，土壌中の孔隙の大きさ，その分布によって変化する．土壌水のマトリックポテンシャルがある値（絶対値），Ψ_m を示すとき，水が保持されている孔隙の中でも最大のものの直径（μm）は次式で示される．

$$\text{孔隙の最大直径（}\mu\text{m）} = \frac{300}{\Psi_m\,(\text{kPa})}$$

上式によれば，水ポテンシャルが圃場容水量で$-33\,\text{kPa}$ の土壌では，直径が $10\,\mu\text{m}$ 以上の孔隙に存在する水は重力により排出される．

2.1.5　土壌の空気

　通気のよい土壌中の空気の組成（N_2 78.1%，O_2 18～20.5%，CO_2 0.3～3%）は大気組成（N_2 78.1%，O_2 20.9%，CO_2 0.03%）と類似している．土壌の孔隙が水で満たされると，空気の移動が妨げられ，酸素が不足する（酸素の水への溶解度は低く，また水中の拡散速度も小さい）．水ポテンシャルが-50～$-150\,\text{kPa}$ の範囲（土性および土壌密度により異なるが，土壌の孔隙全体の 30～50% が水で満たされている場合に相当）で，好気性微生物の活性が最も高いといわれている．

　通気が悪いと（細かな粒子で構成されている，水で満たされている，土壌表面から離れている場合など），好気性微生物や土壌動物の呼吸により酸素が消費され，二酸化炭素が排出されるので，酸素濃度が減少し，二酸化炭素濃度が増加する（$N_2 > 79\%$，$O_2 \fallingdotseq 0$～10%，$CO_2 < 10\%$）．この組成の変化は土壌の酸化還元電位を変え，好気，嫌気微生物が利用できる最終電子受容体に影響する．土壌の孔隙の 60% 以上が水で満たされると，酸素以外の物質を最終電子受容体に使える微生物（たとえば，嫌気的脱窒菌など）の活性が高まる．

　気体は拡散によりあらゆる方向に移動するが，濃度の違いにより，大気から土壌への酸素の正味の流入，土壌から大気への二酸化炭素の正味の流出がある．このほか，圧力差（温度，大気あるいは土壌空気の圧力変化により起こる）によっても気体は移動しうる．

2.2 植物根圏

2.2.1 根圏とは

植物の根のまわりでは根から遊離してくる栄養分によって微生物の生育が盛んでその数も多く，ときに土壌 1 g あたり 10^{11} にもなり（Berendsen *et al.*, 2012），土壌のホットスポット（微生物活動の盛んな場所）の 1 つとなっている．根のまわりのこのような範囲を根圏（rhizosphere）とよぶ（図 2.1B）．通常，根圏は根面から 5 mm 以内の範囲とされているが，それ以上に及ぶ場合もある．

植物の根は土壌から無機養分，水分，酸素を吸収する一方，さまざまな有機炭素化合物を土壌中に分泌している．それにともない，土壌中の種々の環境因子，微生物の群集構造，数・活性が変化し，それらがまた植物の生育に影響するようになる．このように根圏は，植物と土壌，および微生物が互いに複雑に影響しあう場となっている．

2.2.2 根から供給される物質

根からは植物がもっている有機化合物のほとんど全種類のものが分泌されたり失われたりする．これは特別な機構によるものではなく，養分や水分を吸収するために根が急速に伸長するためと考えられている（服部・宮下, 1996）．根は根冠から分泌される粘液物質（ムシゲル）の中に伸長していくが（図 2.1B），根の生長にともない根冠細胞，表皮細胞が脱落してくる．先端より根元に近い部分からは低分子化合物（糖，アミノ酸，有機酸，ビタミンなど）や多糖類からなる粘液物質が分泌される．根端から根毛にかけては，脱落細胞，植物および微生物由来の多糖類などが混合されたムシゲルに覆われている．根のさらに古い部分では表皮細胞や皮層の一部が壊れ，分解物が遊離してくる．このように根の近傍はほかの部位に比べて有機物の供給量が多い．

2.2.3 植物と根圏微生物

a. 植物が微生物に及ぼす影響

根圏土壌の微生物数と，それから離れた植物根の影響を受けていない非根圏土壌中の微生物数の比を，R/S 比という．R/S 比で表される根圏効果（rhizosphere effect）は，微生物の中でも細菌で最も高く，条件によって数十もの値になる．

植物によって根圏に特異的な代謝産物が分泌されると，土壌微生物にさまざまな影響を及ぼすようになる．たとえば，根粒菌のマメ科植物根への着生過程は，宿主植物から特異的な物質，フラボノイドシグナルが分泌されることによって開始される．また，植物フラボノイドが根粒菌ばかりでなく病原菌を誘引したり，菌根菌の胞子の発芽や菌糸の分岐を刺激したり，あるいはクオラムセンシング（自分と同種の菌の密度が一定の値（quorum）に達しているかどうかをオートインデューサーとよばれる化学物質の濃度で感知し（sensing），それに応じて特定の物質の生産をコントロールする種々の細菌がもっている機構）に影響したりすることが報告されている（Morris *et al.,* 1998；Perez-Montano *et al.,* 2011）．同様に植物の防御物質ピロリジジンアルカロイド（pyrrolizidine alkaloids）やほかの分泌物が根圏の糸状菌の群集構造に影響を与えることが報告されている（Broeckling *et al.,* 2008）．

b. 微生物が植物に及ぼす影響

根圏微生物は植物の養分や水分の吸収に対して種々の影響を及ぼす．土壌の可給態の養分や水分が不足していると，これらをめぐって根圏の微生物は植物と競合する．根圏微生物はまた，硫化水素や有機酸などの有害物質を生産し，根に傷害を与えうる．このことは，とくに嫌気的条件下で顕著である．リン酸欠乏状態では微生物と植物が競合し，植物のリン酸吸収量が減少する．一方，不溶性のリン酸を可溶化し，植物の生育を促進する種々の細菌（リン溶解菌）が知られている（Rodríguez and Fraga, 1999）．根圏では微生物量の多い分，根圏におけるバイオマス窒素やリンの量も非根圏土壌に比べて多い．微生物菌体中の窒素やリンは，無機化されることで植物が利用できるようになる．根圏における微生物バイオマス量とその動態が植物の生育と関連している．

c. 窒素固定菌と菌根菌

微生物によるさまざまな植物の生育促進作用の中で，とくに２つのものが重要である．原核生物である細菌による窒素固定，および真核生物である糸状菌による植物へのリンの供給である．その概要を以下に述べる（詳細は第6, 7章を参照されたい）．

(1) 窒素固定菌

窒素分子（N_2）は窒素原子２つが三重結合で結ばれている．この結合を切り，アンモニアを合成するには多くのエネルギーを要する．原核生物の中にはこの過

程を押し進め，生物的に窒素を固定できる窒素固定菌がいる．

窒素固定菌（diazotroph）は植物との関係から，自由生活型（free-living），協同（associative）窒素固定菌，それに共生（symbiotic）窒素固定菌に分けられる．

自由生活型窒素固定菌による窒素固定量はそれほど多くない（2～25 kg/ha/年の程度）．多くの植物の根圏には *Azospirillum* のような協同窒素固定菌（associative microorganism）がいる．正確な測定が困難であるが，窒素固定量として最大で 20 kg/ha/年という推定や，あるいは地帯や作目によってはかなりの量の窒素が毎年固定されている（温帯の永年牧草で 40～70，熱帯の穀物で 10～50，熱帯の水田で 100 kg/ha/年）とする記載がある（服部・宮下，1996）．マメ科植物と窒素固定菌が共生する場合，さらに多くの窒素が固定されうる（200～300 kg/ha/年）．

(2) 菌根菌

高等植物の根に糸状菌類が共生的，あるいは，ときにやや寄生的に生活しているものを総称して菌根（mycorrhiza）といい，大多数の作物や樹木の根のほとんどが菌根として存在している．菌根を形成する糸状菌（菌根菌）は共生した植物（宿主植物）からエネルギー源として炭素化合物を受け取る（光合成産物の最大 20%程度という報告がある（Jakobsen and Rosendahl, 1990；Finlay and Sodestrom, 1992）．菌根菌は受け取った光合成産物の一部をゆっくりと土壌に放出し，植物から土壌への炭素供給に重要な役割を果たしているらしい（Drigo *et al.*, 2010；Fitter *et al.*, 2005）．一方，土壌中に張りめぐらされた菌糸からリンのほかに，条件によっては亜鉛，銅，カルシウムなどが吸収され，宿主植物へ供給される．

菌根菌の菌糸はかなりの広範囲の土壌まで広がる．このことは植物根の土壌への影響が根の近辺にとどまらず，菌根菌が張りめぐらす菌糸を通じて，かなりの広範囲まで及びうることを意味している．さらに，この菌糸ネットワークは種が異なる植物体をも結び付けうる．また同一の植物根系に異なる種の菌根菌が感染する場合もある．これら菌糸ネットワークを介して，植物同士が情報交換する可能性も指摘されている（Babikova *et al.*, 2013）．

2.3　土壌のホットスポット

土壌中の微生物の活性は，容易に利用できる有機物炭素およびエネルギーによ

って制限されている．これら制限が取り除かれると微生物数が増し，活性も高まり，ホットスポットが形成される．ホットスポットとして重要なものに，前述の根圏以外に，植物遺体や種々の生物によって土壌中に形成される孔隙，バイオポア（Biopore）がある．

地表に落ちてくる葉や枝，樹皮などの植物遺体（リター）の量は気候帯や植物の種類によりさまざまである（およそ，寒帯林で2t/ha/年，熱帯林で20t/ha/年，温帯の森林，草原などで5〜7t/ha/年（Amundson, 2001；Jobbágy and Jackson, 2000））．これらリターが分解される速度に応じ，比較的長い時間（数週間から数カ月）ホットスポットが維持される（Kuzyakov and Blagodatskaya, 2015）．

土壌にはさまざまな大きさの孔隙が存在する．直径が10 μm以上の比較的大きな孔隙は砂やシルトといった粒子の間や，ミクロ団粒間にみられる．このような孔隙は土壌への空気の拡散，水の浸透を速め，また土壌からの排水促進に役立っている．比較的大きな孔隙の中でも，植物の根，ミミズ，ほかの土壌生物のはたらきによって作られるもの（直径が30 μm〜5 mm程度）は，バイオポアとよばれている．バイオポアの内面は有機物，粘土で覆われており，土壌生物に適した棲み場所となっている（Kautz, 2014）．

バイオポア近傍の土壌は有機物，ミネラル成分に富み，微生物数が多く，種々の酵素活性も高い（Pankhurst et al., 2002）．また，バイオポアを通じ植物の根が好んで伸長する例が多く報告されている（Ehlers et al., 1983；Nakamoto, 1997）．

森﨑久雄

3

土壌微生物の種類と特徴

　土壌は微生物の宝庫であり，土壌圏の物質循環は無数の微生物によって駆動されている．それでは，土壌にはどのような種類の微生物が棲息しているのだろうか．それを知るためには，分類の知識が必要となる．分類は，生物を識別するための指標や，ある生物のグループが共有する性質について，情報を提供してくれる．分類はまた，生物の進化的な背景も教えてくれる．本章では，微生物の分類上の位置付けと，代表的な土壌微生物の分類群を紹介する．

3.1 分類の階級

　生物の分類は，階級，すなわち分類の階層に従って行われる．より高次の階層から低次の階層に向かって，基本的には界（kingdom），門（phylum），綱（class），目（order），科（family），属（genus），種（species）に分けられる．それ以外にも，たとえば目と科の間の階層として亜目（suborder）を置くなど，さらに細かく分類できるようになっている．また，近年では界の上に，ドメイン（domain）とよばれる階層を置く．たとえば，ヒトを分類学的に表すと，ユーカリアドメイン（domain *Eukarya*），動物界（kingdom *Animalia*），脊索動物門（phylum *Chordata*），哺乳綱（class *Mammalia*），霊長目（order *Primate*），ヒト科（family *Hominidae*），ヒト属（genus *Homo*），ヒト（*Homo sapiens*）となる．種名だけは表記の仕方がほかと異なる．ほかの階層のように"Species *Sapiens*"とは表記せずに，「二名法」という方式で，属名（*Homo*）+種小名（*sapiens*）によって表す．

3.2 生物の分類

　土壌微生物の種類と特徴について記す前に，現在，生物全体がどのように分類

第3章 土壌微生物の種類と特徴

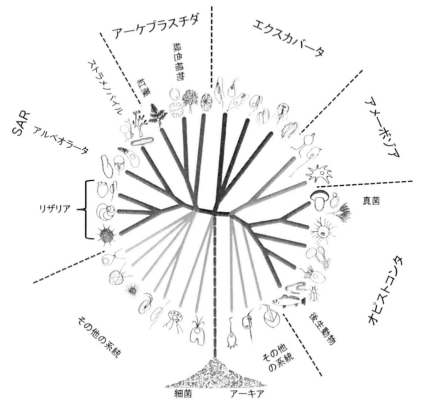

図 3.1 簡略化したユーカリアの系統樹（Adl *et al.*, 2012 を改変）
おもな分類群の名称を記した．陸上植物と緑藻はまとめて緑色植物と称している．

されているのかを，ごく簡単に紹介する．1990年代，遺伝子の塩基配列に基づく系統進化の研究の発展によって生物の分類体系の大幅な見直しが行われ，全生物は，細菌（*Bacteria*：バクテリア；正確には真正細菌：*Eubacteria*），アーキア（*Archaea*），ユーカリア（*Eukarya*）の3つの「ドメイン」とよばれる大きなグループに分類されるようになった．細菌とアーキアの2つのドメインは原核生物（prokaryotes）と総称され，細胞の構造が単純で形態が互いによく似ている．染色体が核膜に包まれず細胞質の中に裸で存在する点も共通である．しかしこれら2つのドメインは系統的には離れており，アーキアは系統的には細菌よりむしろユーカリアに近い．原核生物に対し，ユーカリアは真核生物（eukaryotes）とよ

3.2 生物の分類

表 3.1 ユーカリアの分類

アメーボゾア	SAR	アーケプラスチダ	エクスカバータ	オピストコンタ
アメーバ, 変形菌, 細胞性粘菌など	珪藻, 褐藻, 卵菌, 繊毛虫 (ゾウリムシなど), 渦鞭毛藻, アメーバ鞭毛虫など	緑藻 (クロレラなど), 陸上植物など	ユーグレナ (ミドリムシ), キネトプラストなど	襟鞭毛虫, 真菌, 後生動物

ばれ, 核膜に包まれた核の中に染色体が収まっており, 細胞内の構造は複雑でさまざまな細胞小器官をもつ. これまで知られている限り, すべての細菌とアーキアは微生物であり, 一部の例外を除き肉眼で個体を識別することが不可能である. 一方, ユーカリアの中には, 陸上植物やわれわれ動物のような巨視的な生物から, アメーバや酵母のような微生物が含まれている.

細菌やアーキアは細胞形態の多様性は小さいが, 代謝能の多様性が非常に大きく, さまざまな物質変換にかかわっている. ユーカリアは逆に, 代謝能の多様性は小さいものの, 形態的多様性が非常に大きい. ユーカリアの分類には諸派があり統一される気配はないが, Adl *et al.* (2012) によると, ユーカリアは, アメーボゾア, SAR (ストラメノパイル, アルベオラータ, リザリアを含むスーパーグループ), アーケプラスチダ, エクスカバータ, オピストコンタの5つのスーパーグループと, そのほかの小グループに分類される (図3.1). そのほかのグループの中でもハプト藻とクリプト藻は単系統であるとして, それらをまとめてハクロビアというスーパーグループを置く考え方もある (Money, 2014). それぞれのグループには表3.1のような生物が含まれる.

上記の生物はすべて単一の祖先から進化して生まれたものであるが, ウイルスは, 上記の生物の系統進化とは独立に, あるいはさまざまな系統の生物から散発的に発生したと考えられる. ウイルスは, 細胞を構成単位としないが核酸を含む小さな粒子であり, 単独では増殖できず, 自己複製するためにはほかの細胞に感染する必要がある. ウイルスを生物と扱うか無生物と扱うかは, 研究者によって立場が異なる.

上記の生物分類体系は, 研究技術の進歩や新たな生物の発見などによって, 今後も改訂や刷新が繰り返される可能性がある.

3.3 細菌 (バクテリア)

　土壌微生物の中で個体数が最も多いのは細菌である．土壌細菌の群集構造（分類組成）は，低次の分類レベル（およそ属や種レベル，あるいはそれ以下）では非常に不均一で，土壌が異なれば分類組成も異なる．一方，より高次な分類レベル（門や綱レベル）では，土壌細菌はきわめて安定な群集構造を示すことがあきらかになっている．近年，培養に依存しない研究手法の発展により土壌微生物の群集構造に関する知見が急速に集積しつつあり，とくに土壌細菌の門や綱レベルの群集構造に関する報告は非常に増えている．米国の国立生物工学情報センターの生物分類データベース上には，2016年10月現在，培養株に基づいて記載されている細菌の門は30に及び，さらに遺伝情報のみに基づいて提唱されている門や門に相当するグループに至っては1000を超える．このうち土壌細菌の大部分が属すのは，アクチノバクテリア，ファーミキューテス，クロロフレキシ，プロテオバクテリア，アシドバクテリア，バクテロイデテス，ヴェルコミクロビア，プランクトミセテス，ゲマティモナスの9つの門である（Youssef and Elshahed, 2009）．これら9門に加え，水田表土からはシアノバクテリア門が検出されることが多い．これら10門について以下にごく簡単に解説する．なお，これらの分類群がすべて高い優占度で土壌中に存在するわけではない．土壌にもよるが，上記の10門のうちいくつかが全体の1%に満たないことがある．

3.3.1 アクチノバクテリア (*Actinobacteria*) 門

　アクチノバクテリア門は，放線菌ともよばれ，DNAのG＋C含量の高い（＞55%）グラム陽性細菌の一群であり，細胞が連なって糸状体となるもの，球菌や桿菌，また，単一の菌でありながら状態に応じていくつかの形態をとるコリネフォルム型細菌など，形態は多様である．1944年に*Streptomyces griseus*から結核菌に効果がある抗生物質ストレプトマイシンが発見されて以来，放線菌は抗生物質の分離源として脚光を浴びてきた．多くの種が絶対好気性で土壌に棲息する．胞子を形成するものと形成しないものがある．土壌からよく分離されるものとしては，*Arthrobacter, Corynebacterium, Micrococcus, Mycobacterium*などがあげられる．変わったところでは，ハンノキをはじめとする木本性双子葉植物に根粒を形成して共生し，窒素固定を行う*Frankia*がある．土壌以外では，ビフィズス菌

として知られる *Bifidobacterium* がアクチノバクテリア門であり，動物の腸内に棲息する．

3.3.2 ファーミキューテス（*Firmicutes*）門

ファーミキューテス門は，DNA の G＋C 含量の低い（＜55％，おおむね 40％程度のものが多い）グラム陽性細菌の一群である．芽胞を形成する種が多い．土壌から高頻度に分離される好気性菌としては *Bacillus* や *Paenibacillus* がある．*Bacillus cereus*（食中毒性のセレウス菌）とその近縁種は土壌から分離されやすい種の代表例である．これらの近縁種は，16S rRNA 遺伝子の塩基配列だけでは互いに区別できない場合が多い．そのような近縁種の 1 つに *Bacillus anthracis*（炭疽菌）がある．土壌から高頻度に分離される嫌気性菌としては，*Clostridium* があげられる．水田土壌や汚泥からの分離例が多く，セルロース分解活性や窒素固定活性をもつ種や個体群がある．この属には，ボツリヌス食中毒菌である *Clostridium botulinum* や破傷風菌である *Clostridium tetani* も知られている．なお，土壌からはほとんど検出されないが，乳酸菌である *Lactobacillus* やその近縁属もまた本門に属する．

3.3.3 クロロフレキシ（*Chloroflexi*）門

クロロフレキシ門は，細菌の中でもほかの系統と比較的早くに分かれた（deeply-branched）系統であり，リポ多糖を含む外膜をもたず，細胞壁の組成も独特である．シアノバクテリア門とやや近く，グラム陽性細菌とグラム陰性細菌の中間的な系統に位置する．グラム陰性で糸状の群体を形成する種が多いが，グラム陽性の種や，単一種でありながらグラム染色で陽性を示したり陰性を示したりするものもいる．また，胞子形成する種や，光合成をする種（緑色非硫黄細菌）も含まれる．

3.3.4 プロテオバクテリア（*Proteobacteria*）門

プロテオバクテリア門は系統的に 1 つの大きな門にまとめられているグラム陰性細菌であり，構成種が非常に多く，現在知られている細菌の門の中で最も多様である．7 つ程度の綱レベルの系統に分けられるが，そのうち土壌に多いのは一般に α-プロテオバクテリア，β-プロテオバクテリア，δ-プロテオバクテリアの

3つで，それに γ-プロテオバクテリアが続く．

α-プロテオバクテリア綱には，*Rhodospirillum* のような光合成細菌（紅色細菌），*Methylocystis* のような C1 化合物資化細菌，*Sphingomonas* やその近縁属のような芳香族化合物資化細菌，*Nitrobacter* のような亜硝酸酸化細菌，*Agrobacterium* のような植物病原細菌，*Azospirillum* のような自由生活型窒素固定細菌，*Rhizobium* や *Bradyrhizobium* のような共生型窒素固定細菌（根粒菌）など，生態的・機能的に多様なものが含まれる．前述の *Frankia* と異なり，α-プロテオバクテリアの根粒菌はさまざまなマメ科植物と共生するので，農業上の重要性は非常に大きい．

β-プロテオバクテリア綱もまた多様であり，*Methylomonas* のような C1 化合物資化細菌，*Nitrosomonas* のようなアンモニア酸化細菌，*Azoarcus* のような非マメ科植物根圏や植物体内で窒素固定を行うもの，*Hydrogenophaga* のような水素細菌，*Rhodocyclus* のような光合成細菌（紅色非硫黄細菌），*Commamonas* や *Burkholderia* のような芳香属化合物分解菌，そのほか，硫黄酸化細菌，鉄酸化細菌，マンガン酸化細菌などが含まれる．*Burkholderia* には，芳香属化合物分解菌のほかに，インドール酢酸生産細菌や難溶性の無機リン酸塩溶解細菌もよく知られている．

δ-プロテオバクテリア綱はおもに硫酸還元菌と粘液細菌からなる．硫酸イオン，亜硫酸イオンなどの硫黄酸化物や硫黄，スルホン酸などの含硫黄有機物を用いて嫌気的に呼吸を行う硫酸還元菌や硫黄還元菌の大半が本綱に属し，*Desulfuromonas*，*Desulfovibrio* などが知られる．*Myxococcus*，*Anaeromyxobacter*，*Sorangium* などは粘液細菌として知られ，まるで細胞性粘菌（アメーボゾアに属する菌類）のように，栄養細胞は滑走運動により移動するが，飢餓状態では集合し子実体を形成する．そのほか，細菌細胞寄生性の *Bdellovibrio*，鉄やマンガンの還元菌である *Geobacter*，亜硝酸酸化細菌である *Nitrospina* などがある．

γ-プロテオバクテリア綱にも多様な細菌が含まれるが，多くは水圏を主要な棲息環境としており，土壌圏を棲息環境とするものは比較的少ない．代表的な土壌細菌の1つとして，*Pseudomonas* があげられる．本属はかつて「絶対好気性で極鞭毛をもつグラム陰性細菌」と単純に定義されていたため，現在ではほかの属に再分類されている多くの細菌が，以前は本属に含まれていた．*Pseudomonas aeruginosa* はヒト病原菌（緑膿菌）であるが，土壌から高頻度で分離され，また

脱窒能をもつ個体群を含む（脱窒能そのものは分類と関係なくさまざまな門の細菌や，一部のアーキア，真菌が有する機能である）．*Pseudomonas* は絶対好気性であるものの，脱窒能をもつ個体は，酸素がない状態でも硝酸塩があれば硝酸呼吸によって生育することができる．*Pseudomonas* には蛍光色素を生産するもの（蛍光性 *Pseudomonas*）がある．その代表が *Pseudomonas fluorescens* であり，植物生育促進作用や病害抑止に用いる研究が盛んに行われた．ほかに，自由生活型の窒素固定細菌である *Azotobacter* や *Azomonas*，ほかの生物を溶解する *Lysobacter*，植物病原菌 *Xanthomonas*，腸内細菌であり窒素固定も行う *Enterobacter* なども土壌から分離される．土壌からの分離は稀だが，アンモニア酸化細菌である *Nitrosococcus* も γ-プロテオバクテリア綱に属する．

3.3.5 アシドバクテリア（*Acidobacteria*）門

アシドバクテリア門はグラム陰性細菌で，土壌に（そしてほかの環境にも）最も広範囲に，また豊富に棲息する細菌の1つであるが，その機能に関する知見は驚くほど不足している．その主要な理由は，この門の細菌の培養の難しさにある．2009 年になって初めて本門細菌のゲノムが解読されたが（Ward *et al.*, 2009），まだ生態的な特徴はあきらかになっていない．門名から好酸性であることを連想するが，強い好酸性を示すのは *Acidobacterium* だけであり，残りは淡水や土壌に棲息する．未培養系統の中には光合成細菌も含まれる．

3.3.6 バクテロイデテス（*Bacteroidetes*）門

バクテロイデテス門は，グラム陰性細菌であり，バクテロイディア綱，フラボバクテリウム綱，スフィンゴバクテリア綱の3つに分類され，サイトファーガ-フラボバクテリウム-バクテロイデス（CFB）グループともよばれる．バクテロイディア綱の多くは嫌気性で，ヒトを含む恒温動物の排泄物から多く分離される腸内細菌叢の主要な構成菌である．一方，フラボバクテリウム綱とスフィンゴバクテリア綱は絶対好気性または通性嫌気性であり，土壌からの分離例は多い．多くの種が黄色色素を産生する．

3.3.7 ヴェルコミクロビア（*Verrucomicrobia*）門

ヴェルコミクロビア門はグラム陰性細菌の門で，綱レベルで7つのグループに

分けられる．正式に記載された綱ばかりではないため，現状では，それぞれのグループを綱ではなく通し番号をつけたsubdivisionで呼び分けることが多い．水圏や土壌，ヒトやシロアリの腸内，酸性の極限環境など，さまざまな場所に棲息する．典型的な難培養性細菌の一群であり，水圏由来以外の培養株がとくに少なく，その性質はまだ十分に知られていない．筆者の経験では，一般的な農耕地土壌からsubdivisions 1〜5までが検出され，subdivision 5以外はしばしば分離されるが，継代培養が困難であることが多い．水田土壌からはsubdivision 4に属する*Opitutus*やその近縁種が分離されやすいが，土壌DNAの解析によるとsubdivisions 2や3のほうが土壌中で優占していることが多い．そのほか，subdivision 1の*Roseimicrobium*やsubdivision 2の"*Spartobacteria*"などがこれまでに土壌から分離されている．

3.3.8 プランクトミセテス（*Planctomycetes*）門

プランクトミセテス門はグラム陰性細菌の門で，綱レベルで2つに分けられる．系統的にはヴェルコミクロビア門とやや近縁である．分裂ではなく出芽によって増殖する．ペプチドグリカンからなる細胞壁を欠き，グルタミンやシステインに富むタンパク質が皮膜として細胞を囲んでいる．原核生物としては珍しく，核様体やRNAが細胞内でpirellulosomeとよばれる構造体の中に隔離されている．ほとんどの分離株が好気性または通性嫌気性で従属栄養生活を送るが，"*Candidatus Kuenenia*"など嫌気的アンモニア酸化反応（anammox）を行うものも知られている（*Candidatus*とそれに続く名称は，培養に成功していない原核生物の暫定的な分類名であることを示す）．土壌DNAの解析により土壌に棲息することは知られているが，土壌からの分離はほとんどない．

3.3.9 ゲマティモナデテス（*Gemmatimonadetes*）門

ゲマティモナデテス門は2003年にただ1株の分離株の性質に基づいて記載された新しい門であり（Zhang *et al.*, 2003），2016年10月現在，分離・培養された株の数はいまだ10に満たず，少なくとも1属2種が公式に記載されており，2属2種（それぞれ1属1種）が提案されているところである．基準属である*Gemmatimonas*はグラム陰性，好気性で，ポリリン酸を蓄積し，出芽により増殖する．しかし，本門全体の生理学的・生態的な性質はほとんど未解明である．土壌中で優

占するという報告はこれまでないが，多くの土壌に最大2%程度ほど棲息していると考えられる．

3.3.10 シアノバクテリア（*Cyanobacteria*）門

シアノバクテリア門は，細胞壁はグラム陰性であるが，系統的にはグラム陰性細菌とグラム陽性細菌の中間程度に位置する．藻類（藻類の定義については後述）の仲間でもあり，藍藻ともよばれる．クロロフィル*a*（一部の系統は加えてクロロフィル*b*も），フィコシアニン，フィコエリスリンといった光合成色素をもち，高等植物と同じ酸素発生型の光合成を行う．アーケプラスチダの細胞内に共生したシアノバクテリアが，葉緑体の起源となったと考えられている．原核生物ではあるが，光合成の明反応を行うチラコイド膜，炭酸固定を行うカルボキシソーム，有機窒素の貯蔵用のシアノフィシン，リン貯蔵用のポリリン酸顆粒などを細胞内にもつ．湿土表面には*Nostoc*や*Stigonema*, *Gloeocapsa*が，水田土壌には*Anabaena*や*Oscillatoria*などが多い．

3.4 アーキア

アーキアは単純な細胞構造を理由に，原始的な細菌を意味するアーケバクテリア（古細菌）とよばれた時期があったが，現在では単にアーキアとよばれる．表現形質としては，たとえば細胞膜の成分が細菌やユーカリアのいずれとも異なる．極限環境に棲息する微生物としてよく知られるが，近年の環境DNAの解析結果から，われわれにとって身近な環境中にも棲息していることがあきらかとなっている．アーキアは，ユーリアーキオータ界とプロテオアーキオータ界に分けられ，前者にはユーリアーキオータ門のみが，後者にはクレンアーキオータ門，タウムアーキオータ門，および性質がよくわかっていない複数の門が含まれる．ユーリアーキオータ門には，中程度好熱菌〜超好熱菌，好酸性，好塩性のグループや，メタン生成菌のグループが含まれる．土壌から分離されるのは，高度好塩性の*Halorubrum*や，メタン生成菌の*Methanobacterium*, *Methanoculleus*などである．クレンアーキオータ門にも，超好熱性や硫黄依存性，好酸性といった，極限環境に棲息するものが多い．温泉の土壌からは*Thermocladium*や*Thermoproteus*が分離されている．タウムアーキオータ門は2008年に新しく提案されたアー

キアの門で（Brochier-Armanet *et al.*, 2008），海洋や土壌から検出される．2016年10月現在，本門の正式な記載種はアンモニア酸化アーキアとして分離された*Nitrososphaera viennensis* のみである．

3.5 真　菌

　真菌はユーカリアのオピストコンタの一部をなし，門レベルでは，子嚢菌門，担子菌門，接合菌門，ツボカビ門，微胞子虫門，グロムス門に分けられる．一般に，糸状体となり大型の子実体を形成しないものをカビとよび（青カビ，赤パンカビなど），大型の子実体を形成するものはキノコとよばれる．日常で目にしやすいキノコは担子菌門であることが多いが（シイタケ，ハタケシメジ，カワラタケなど），子嚢菌門のキノコも少なからず存在する（アミガサタケ，チャワンタケなど）．植物病原菌で担子菌門のサビキンは，明確な菌糸が認められず，一般にカビともキノコともよばれない．また，子嚢菌門または担子菌門に属する真菌で，生活環の一定期間，糸状体とならず単細胞で生活するものは酵母とよばれる．グロムス門は，おもに陸上植物と共生してアーバスキュラー菌根を形成する（7.1節参照）．すなわち，根の細胞内に侵入した菌糸が樹枝状体（種によっては嚢状体）を形成，根の外側は菌糸をまとう．ツボカビ門は細胞が連なることはあるが菌糸は形成せず，鞭毛のある遊走細胞を形成するのが特徴である．接合菌門はクモノスカビなどを含むグループだが，現在，分類の見直しが進められているところである．接合菌門とツボカビ門は単系統ではなく，複数の系統からなる集合的な門であり，再分類により細分化の方向に向かうと考えられる．

　真菌には好気性のものが多いため，水田土壌には真菌は非常に少ない．一方，植物遺体の多い草地や森林の土壌には真菌が比較的多い．草地では，*Aspergillus*，*Fusarium*，*Penicillium*，*Mortierella*，*Rhizoctonia* などの真菌が優占する．*Fusarium* は畑地での出現率も高く，植物病原菌も含むため，農業上重要な真菌である．なお，*Fusarium* は単一の属名となっているが，複数の属や種の不完全世代の名称であり，完全世代には別の名でよばれる．森林土壌の真菌としては，*Mucor*，*Penicillium*，*Trichoderma*，*Verticillium*，*Chrysosporium* などがあげられる．キノコ類では，土中の植物遺体から生えるキノコ（腐生菌）として，ハタケシメジ，タマゴタケ，マイタケなどがあり，特定の樹木と共生し植物根から養分を得て生

える外生菌根菌として，マツタケやショウロなどがある．外生菌根菌はグロムス門（アーバスキュラー菌根菌）と異なり，植物の細胞内部に侵入しない．また，大型の子実体（キノコ）を形成することが多い．

3.6 原生生物

　原生生物は，ユーカリアのアメーボゾア，SAR，エクスカバータ，オピストコンタのそれぞれ一部を寄せ集めた生物の総称である．古典的には鞭毛虫（トリコモナス，ユーグレナなど），肉質虫（アメーバ，有孔虫など），胞子虫（マラリア原虫，コクシジウムなど），繊毛虫（ゾウリムシ，ラッパムシなど）に分けられていたが，現在，分類は混乱しており，ここでは詳細な説明は行わない．ユーカリアから，後生動物（発生初期に胞胚を形成する生物），真菌，アーケプラスチダ，および藻類を除いた残りすべてが原生生物であると考えてよい．ただし，後述するように藻類もまた多系統の生物の総称であるため，藻類と原生生物は必ずしも明確に区別されず，ユーグレナなどは藻類でも原生生物でもあるといえる（原生生物の一部が葉緑体を獲得したものである）．マラリア原虫は藻類ではないが，細胞内に葉緑体の痕跡が認められる．この生物は，かつては藻類として独立栄養生活をしていたが，やがて藻類であることをやめ，ヒトに寄生して生きる道を選んだものと考えられている．

　細菌やアーキア，真菌が土壌から吸収し，それらのバイオマスの一部となった各種栄養素は，さまざまな要因で土壌中に放出されることによって循環する．その放出の大きな原動力となるのが，原生生物による捕食やウイルスによる破壊などであると考えられる．現状では，ユーカリアの分類の複雑性のため，土壌中の原生生物の群集構造や生態・機能が詳細に議論される機会が，ほかの微生物と比べて非常に少ない．今後，ユーカリアの分類の整理が進むにつれ，土壌中の原生生物に関する研究も進んでいくものと期待したい．

3.7 藻　　類

　藻類とは，葉，茎，根といった構造上の分化がなく，おもに水圏や水分を含む部位に棲息し，酸素発生型の光合成を行い，独立栄養的に生育できる生物の総称

である．ユーカリアの SAR の一部（珪藻，褐藻，渦鞭毛藻など），アーケプラスチダの一部（緑藻，紅藻など），エクスカバータの一部（ユーグレナなど），ハクロビア（ハプト藻，クリプト藻），さらに細菌のシアノバクテリア門が含まれる．最近，おもに海外でシアノバクテリア門細菌を藻類から除外する論調があるが，そもそも藻類そのものが系統分類学的に雑多な集団であるため，シアノバクテリア門だけを藻類から除外する必要はない．あえて区別するならシアノバクテリア門を原核藻類，そのほかを真核藻類とよべばよい．真核藻類のうち陸上植物と同じ系統に属するのは緑藻，紅藻などだけで，そのほかの真核藻類は系統的には原生生物と近い生物である．なお，たとえば *Volvox* や *Chlamydomonas* などアーケプラスチダに属する微細緑藻の中には，鞭毛をもち遊泳するものがあるが，これらを原生生物として扱うべきではない．植物のうち，生活環の中で一度も運動性をもたないのは被子植物だけであり，そのほかの植物はすべて運動性をもつ時期がある．*Volvox* や *Chlamydomonas* は，運動性をもつ時期の方がもたない時期より長いだけであり，運動することをもって原生生物と扱うのは的外れである．

　水田土壌や湿土表面には，緑藻（*Chlorella, Chlorococcum, Trebouxia, Chlamydomonas* など），黄緑色藻（*Heterococcus* など），珪藻（*Diatoma, Achnanthes* など），紅藻（*Porphyridium* など），ユーグレナ類（*Euglena* など），シアノバクテリア門細菌などの藻類が棲息している．土壌藻類は地衣類とともに植物遷移の先駆者としてのはたらきを担っていると考えられ，とくにシアノバクテリア門には窒素固定能をもつものが含まれるため，土壌への窒素供給において重要である．

3.8　ウイルス，ウイロイド

　ウイルスは，細胞を構成単位とせず，遺伝子の本体である核酸をタンパク質の殻が覆い，さらに種類によってはその外側をエンベロープとよばれる膜状構造が覆う構造をとり，ほかの生物の細胞に感染して自己複製する．核酸は，2本鎖または1本鎖の DNA または RNA であり，単一のウイルスの中に DNA と RNA の両方が存在することはない．ウイロイドは小さな環状1本鎖 RNA のみで構成され，タンパク質の殻をもたず，維管束植物に感染して自己複製する．土壌微生物や土壌動物，植物など，いかなる生物もウイルスやウイロイドに感染すると考えられ，前述のように，細菌やアーキア，真菌の体内に蓄えられたリンや窒素とい

った栄養素の土壌への放出は，原生生物やウイルス，ウイロイドのはたらきによるところが大きいと考えられる．

　農業上問題となるのは，植物病原性のウイルスやウイロイドである．たとえば，*Tobamovirus* ウイルスはタバコモザイクウイルスなどを含むグループで，タバコやトマト，ジャガイモ，ホウレンソウなどに感染する．このウイルスは媒介生物を必要とせず，土壌が媒介する．一方，*Furovirus* や *Necrovirus* といったウイルスは，変形菌門の *Polymyxa graminis* やツボカビ門の *Olpidium brassicae* など土壌微生物によって媒介され，ムギやタバコなどに感染する．なお，ウイルスによる作物被害がある一方，ウイルスによって植物病原性の細菌や真菌を駆除する研究も行われている． 　　　　　　　　　　　　　　　　　　　　　　　　　　　　大塚重人

4

おもな研究手法

　土壌微生物は，土壌中の物質循環を駆動するキープレイヤーであり，土壌の健全性，作物の生産性にも大きくかかわる．そのはたらき，つまり土壌微生物が，「いつ」「どこで」「誰が」「何を」「なぜ」「どのように」土壌中の物質代謝にかかわっているのかを理解しようと，さまざまな研究手法を駆使して土壌中の微生物の実態の解明が試みられてきた．ここでは，土壌微生物の研究でよく用いられる研究手法の特徴を述べる．

4.1　希釈平板法

　土壌中の微生物を計数するために，また微生物を分離するために古くから用いられてきた手法である．土壌試料を，滅菌水中で超音波やホモジナイザー，振とう処理により十分に懸濁，分散させた後，段階的に希釈し，寒天で固化させた平板培地に塗布する（塗抹法；図 4.1）．培地上に形成される微生物コロニーを計数することで，土壌中の生菌数を推定することができる．単位は CFU（colony forming unit）として表すが，この値が「菌数」に相当すると考えるのは，それぞれのコロニーが 1 細胞の微生物から増殖して形成されていることを前提としているためである．

　希釈平板法は，微生物学実験において最も基本となる手法であり，さまざまな培地，接種方法（混釈法や塗抹法，薄層重層法など）が開発されてきた．土壌病害の研究では，選択培地を用いた病原菌の計数に活用できる場合がある．しかし，希釈平板法で計数できる微生物は，あくまで設定した培養条件下で増殖可能な微生物に限られる．寒天培地上で培養可能な微生物は土壌全体の微生物のうちのごく一部であるため，結果の解釈には十分な注意が必要である．

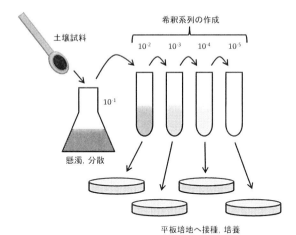

図 4.1 希釈平板法による培養方法
土壌をよく懸濁,分散させた後,段階希釈し,培地へ接種する.

4.2 化学分類学的手法

　土壌から分離した微生物を分類,同定しようとするとき,後で述べるrRNA遺伝子配列を解読し,近縁種をデータベースで検索するだけでは決まらない.細胞の形態的特徴や基質利用性,至適温度やpHなどの生理・生化学的性状を調べることはもちろん,細胞構成成分の組成,すなわち化学分類学的性状も調べて総合的に判断する.化学分類学的性状の代表的な分析方法として,脂肪酸分析,キノン分析などの脂質分析があげられる(詳しくは鈴木他(2001)を参照).ここでは,土壌中の微生物の群集構造解析にも用いられている脂肪酸分析とキノン分析について述べる.これらの分析は,土壌試料より直接脂質を抽出し,分析することが可能であるため,定量性,再現性に優れているという利点がある.

4.2.1　脂肪酸分析

　脂肪酸は炭化水素鎖をもつモノカルボン酸であり,アーキアを除くすべての生物に存在する重要な細胞構成成分である.細菌細胞中ではおもに細胞膜を構成するリン脂質に含まれる.アーキアはグリセロールに炭化水素がエーテル結合した脂質のみをもつ.脂肪酸の種類により,炭素数,二重結合の有無(飽和または不

飽和）および数と位置，分枝の有無と位置が異なり，水酸基をもつ脂肪酸や環状構造をもつ脂肪酸も存在する．その組成比は微生物に固有であるため，分類の指標として用いられている．

脂肪酸のうち，リン脂質に含まれる脂肪酸の組成を分析する方法をリン脂質脂肪酸（phospholipid fatty acid：PLFA）分析法とよび，土壌中の微生物群集構造の解析に用いられている（荒尾他，1998）．土壌中のリン脂質脂肪酸含量は，土壌中の微生物バイオマスと正の相関関係にあることが知られており，微生物バイオマスの指標にもなる．

4.2.2　キノン分析

微生物は有機物や還元型の無機物から還元力を取り出し，細胞膜の電子伝達系を通じてプロトン駆動力に変換し，酸素へ電子を渡すことで呼吸を行う．この電子伝達系は，フラボタンパク質やシトクロム，鉄-硫黄タンパク質，キノンなどの電子伝達体から構成される．キノンは，骨格としてのベンゾキノンまたはナフトキノンと，イソプレノイド側鎖から構成されており，ユビキノン（別名コエンザイム Q）とメナキノン（別名ビタミン K_2）はその代表例である．微生物種によりキノン分子種，イソプレノイド側鎖の長さ，二重結合の水素飽和度，水素飽和の位置が異なる．グラム陽性菌はメナキノンを保有し，ユビキノンはグラム陰性菌の α-，β-，γ-プロテオバクテリアにしか見出せないなど，分類の1つの重要な指標となっている．

キノンプロファイル法は，微生物群集内のキノン組成を分析する方法であり，土壌中の微生物群集構造を評価する1つの手法である（Fujie *et al.*, 1998）．PLFAと同様，キノン含量は微生物バイオマスと正の相関関係にある．

4.3　分子生物学的手法

生命現象の実態を分子レベルから解明する分子生物学の発展とともに，土壌微生物の研究にも分子生物学的手法が取り入れられるようになった．上述したPLFA分析法やキノンプロファイル法もその1つである．とくに，PCR（polymerase chain reaction）装置（サーマルサイクラー）とシーケンサーの普及により，核酸を対象とした分子生物学的手法は，現在，最もよく用いられる．

4.3.1 土壌からの核酸抽出

微生物を土壌中で直接観察し，解析することは難しい．そのため，まず土壌より核酸（DNA, RNA）を抽出する（星野（高田）・長谷部，2005；星野（高田），2007）．一般的に，抽出された DNA はその土壌に存在する微生物を，RNA は活性をもつ微生物を示すと考えられる．しかし，土壌由来 DNA には土壌鉱物や有機物に吸着した細胞外 DNA や死菌体由来の DNA が含まれることも留意しておかなければならない．また，細胞中の RNA は RNase により短時間で分解されてしまうため，RNA を解析対象とする場合は採取した試料を素早く液体窒素や－80℃のフリーザーで凍結し，RNA 分解を最小限に抑える必要がある．

土壌からの核酸抽出方法は，土壌より微生物細胞を回収して核酸を抽出する方法と，土壌中で微生物細胞を破壊して核酸を精製する方法の 2 つに大別される．また，後者はさらにリゾチームやプロテアーゼ，界面活性剤などにより化学的に細胞を溶解する方法と，化学的溶解に加えビーズなどにより物理的に細胞を破壊する方法に分けられる．土壌試料からの核酸抽出は，土壌鉱物や有機物への細胞および核酸の吸着や，抽出液への腐植物質の混入など多くの課題がある．現在では，複数の核酸抽出キットが市販され利用することが可能であるが，土壌の特性や目的に適した方法を用いることが重要である．

4.3.2 特定遺伝子の PCR 増幅

抽出・精製した核酸は土壌生物全体の情報を含む．そのため，全体の組成や解析対象とする微生物群に注目するためには，PCR 反応（RNA の場合は逆転写 PCR）により，基準となる遺伝子や解析対象とする微生物群のみの遺伝子を増幅しなければならない．

最も一般的に対象とされる遺伝子は，rRNA をコードする rRNA 遺伝子である（rDNA とも表記される）．rRNA はリボソームを構成する RNA であり，すべての生物が保有する．リボソームは，大サブユニット（large subunit：LSU）と小サブユニット（small subunit：SSU）で構成される．そのうち小サブユニットに含まれる SSU rRNA（原核生物では 16S rRNA，真核生物では 18S rRNA）は解析に適度な長さであること，配列内に保存領域と可変領域があり，原核生物では系統進化をよく反映していることから最も解析に用いられている．

一方で，rRNA 遺伝子の解析では，微生物の機能の推定が困難な場合があるこ

表 4.1 土壌微生物の研究でよく対象にされる機能遺伝子と微生物

遺伝子名	コードする酵素	対象となる微生物
amoA	アンモニアモノオキシゲナーゼ	アンモニア酸化菌
narG	膜結合型硝酸レダクターゼ	硝酸還元菌
nirK/nirS	亜硝酸レダクターゼ	脱窒菌
nosZ	亜酸化窒素レダクターゼ	脱窒菌
nifH	ニトロゲナーゼ	窒素固定菌
pmoA	粒子状メタンモノオキシゲナーゼ	好気性メタン酸化菌
mcrA	メチルコエンザイム M レダクターゼ	メタン生成アーキア

とや，特定の機能をもつ微生物群のみを解析できない場合もある．たとえば，脱窒菌や硝化菌，メタン酸化菌，硫酸還元菌とよばれる微生物は異なる分類群にまたがって存在するため，rRNA 遺伝子の解析からそれらの微生物のみを対象とすることは難しい．このような場合，脱窒反応や硝化反応など，反応にかかわる酵素をコードする遺伝子（機能遺伝子）を標的とした解析が行われる（表 4.1）．

このほか，RNA アナログの一種である LNA（locked nucleic acid）を用いた LNA-oligonucleotide-PCR clamping 技術が植物根圏微生物群集の解析に適用されている（Ikenaga and Sakai, 2014）．LNA は DNA-DNA より安定して結合することができ，また DNA ポリメラーゼは LNA を含む配列を伸長させることができない．この特性を利用して，植物のミトコンドリアや葉緑体に由来する 16S rRNA 遺伝子を LNA を含むプローブでブロックし，それらの遺伝子の増幅を抑制して根圏微生物群集を解析することが行われている．

4.3.3 DNA フィンガープリント法による群集解析

PCR により増幅された遺伝子断片には，複数の微生物に由来する遺伝子断片が混ざっており，その組成をみるためには，遺伝子混合物を分けて解析しなければならない．その方法として，遺伝子混合物をパターン化して分ける DNA フィンガープリント法がよく利用される．

a. 変性剤濃度勾配ゲル電気泳動（DGGE）法

DGGE（denaturing gradient gel electrophoresis）法は，その名の通り，ポリアクリルアミドゲルに DNA 変性剤の濃度勾配をつけて電気泳動を行う解析法である．DNA 塩基配列中のアデニンとチミン，グアニンとシトシンは，それぞれ 2 本と 3 本の水素結合により相補鎖と結合しており，配列に依存して変性のしやす

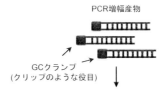
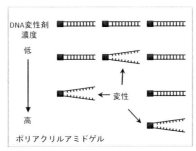

図 4.2　変性剤濃度勾配ゲル電気泳動（DGGE）法の解析原理
PCR 増幅時に GC リッチな配列（GC クランプ）を付加し，ポリアクリルアミドゲル上で電気泳動を行う．ゲルには DNA 変性剤を濃度勾配がつくように含ませる．塩基配列の違いにより，異なる変性剤濃度で変性し，バンドとして検出される．

さ（2本鎖から1本鎖に解離）が異なる．この原理を利用して，異なる変性剤濃度を含む部位で DNA 断片を変性させ，バンドとして検出する方法である（図4.2）．もともとは，遺伝子変異の有無を検出する方法として用いられていたが，環境微生物の解析にも適用されるようになり，土壌微生物群集の研究にも広く普及した．異なるゲル間のバンドパターンを同時に比較することは困難であるが，検出されたバンドは，切り出してその塩基配列を解読することが可能である．

b. 末端制限酵素断片長多型（T-RFLP）法

PCR 増幅した DNA 断片をある制限酵素で処理すると，微生物により塩基配列が異なるため，長さの異なる DNA 断片が形成される．これを電気泳動して，そのパターンを試料間で比較する方法が制限酵素断片長多型（RFLP）法である．T-RFLP（terminal restriction fragment length polymorphism）法は，PCR 増幅時に片側末端のみに蛍光標識をつけて遺伝子断片を増幅し，制限酵素処理後，DNA シーケンサーで蛍光標識がついた断片（末端断片）のみ検出する方法である（図4.3）．分類群ごとに異なる断片長が形成される制限酵素を用いなければならないが，1塩基の断片長の違いを再現性よく検出することが可能であり，多検体を同

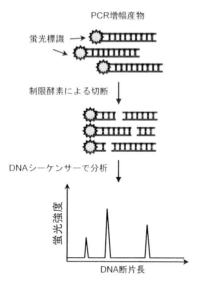

図 4.3 末端制限酵素断片長多型（T-RFLP）法の解析原理
PCR 増幅時に片側に蛍光標識がつくようにして，増幅産物を制限酵素で切断する．微生物グループごとに異なる断片長が形成される制限酵素を用いる．蛍光標識がついた末端の DNA 断片長を DNA シーケンサーで分析し，断片長のパターンを比較する．

時に比較することができるメリットがある．検出された遺伝子断片長に由来する微生物の種類を推定するには，T-RFLP 解析とは別にクローンライブラリーを作成して PCR 増幅産物の塩基配列を解読し，使用した制限酵素で得られる推定末端断片長を知る必要がある．

c. 自動リボソーム遺伝子間スペーサー領域解析（ARISA）

ARISA（automated ribosomal intergenic spacer analysis）法は，LSU rRNA 遺伝子と SSU rRNA 遺伝子の間に存在する ITS（internal transcribed spacer）領域を解析の対象とする．微生物により ITS 領域長は異なっており，電気泳動により分離することができる．ガラス板で作成したゲル上のバンドパターンを解析する方法がRISA，蛍光標識し，T-RFLP と同様に DNA シーケンサーで解析する方法が ARISA である．

4.3.4 リアルタイム PCR による特定遺伝子の定量

抽出した核酸中に含まれるある特定の遺伝子コピー数（RNA の場合は転写産物

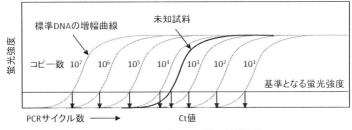

図 4.4　リアルタイム PCR 法の解析原理
PCR 増幅中の DNA 量 (または増幅断片) を, 蛍光色素を用いて 1 サイクルごとに定量し, 増幅曲線を描かせる. ある蛍光強度に達したサイクルを Ct 値 (threshold cycle) と定め, 測定値とする. 濃度 (コピー数) 既知の標準 DNA の希釈系列を作成し, 得られた Ct 値をもとに検量線を作成することで, 未知試料中の遺伝子コピー数を求める.

数) を定量する方法である. リアルタイム PCR の原理は, PCR 増幅中の増幅断片量を, 蛍光色素を用いて 1 サイクルごとにリアルタイムに検出する方法であり, 専用のサーマルサイクラーを用いて行う. SYBR Green I などの DNA 検出蛍光試薬を用いて反応液中の DNA をすべて検出するインターカレーター法や, 目的遺伝子からの増幅産物のみをプローブを用いて特異的に検出する TaqMan プローブ法などにより増幅産物を定量する. このようにして増幅産物を 1 サイクルごとに定量していくと, シグモイド型の増幅曲線が描かれる. その増幅曲線において, ある蛍光強度に達したときの PCR サイクル数は Ct 値 (threshold cycle) と定められる (図 4.4). 段階的に希釈した標準遺伝子の測定も同時に行い, 標準遺伝子の Ct 値から検量線を作成して未知試料中の濃度 (数) を計算する.

4.3.5　次世代シーケンサーと土壌微生物研究

次世代シーケンサー (第二世代シーケンサーとよばれることもある) とは, 第一世代シーケンサー, つまりサンガー法をもととしたシーケンサーと区別するためにつけられた名称である. 2005 年に初めて 454 Life Sciences 社 (現在は Roche 社) より高速シーケンサー「454」が発売されて以降, Applied Biosystems 社 (現 Thermo Fisher Scientific 社) の「SOLiD」, illumina 社の「HiSeq」,「MiSeq」などさまざまな機種が開発, 販売されてきた. 機種により解読原理は大きく異なるが, 大まかな概念は共通している. すなわち, これまでのサンガー法によるシーケンス解析では, 1 本のチューブ内である決まった量の 1 種類の鋳型 DNA とジ

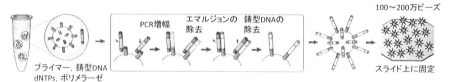

(a) エマルジョン PCR 法の原理
1分子 DNA がビーズ上に固定され，エマルジョンオイル内で PCR 増幅される．

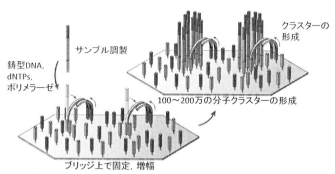

(b) ブリッジ PCR 法の原理
1分子 DNA がアダプターを介してチップ上に固定され，固定された部位で PCR 増幅される．

図 4.5 次世代シーケンサーにおける鋳型 DNA 増幅方法（Metzker, 2010）
多数の鋳型 DNA を 1 つの反応系で区分けして増幅する．エマルジョン PCR 法 (a) を用いた増幅では，鋳型 DNA にアダプターを付加した後，各ビーズに 1 分子の DNA を固定し，それぞれのビーズ上で増幅する．増幅後のビーズは，スライド上でばらばらになるように固定し，それぞれのビーズ上で塩基配列を同時に解読する．ブリッジ PCR 法 (b) では，鋳型 DNA にアダプターを付加した後，多数のアダプター認識部位をもつブリッジ上に 1 分子の鋳型 DNA をランダムに固定し，固定された部位で増幅を行う．増幅された分子クラスターの塩基配列を解読する（口絵参照）．

デオキシヌクレオチド（ddNTP）を含む反応液を混合し，サイクルシーケンス反応を行った．一方で，次世代シーケンサーでは，反応液中に含まれる多数のマイクロビーズの 1 つ 1 つに 1 分子の異なる鋳型 DNA を固定させて増幅反応を行うエマルジョン PCR 法（Roche 社および Thermo Fisher Scientific 社）や，シリコンチップ上に鋳型 DNA を分散させて固定し，増幅反応を行うブリッジ PCR 法（illumina 社）が用いられている（図 4.5）．塩基の同定には，その後のシーケンス反応の鎖伸長時に遊離したピロリン酸をルシフェラーゼ反応により検出するパイロシーケンス法（Roche 社）や，遊離した水素イオンによる pH 変化を検出する方法（Thermo Fisher Scientific 社），取り込まれた蛍光標識ヌクレオチドを検出

する方法（illumina 社）などが用いられている．これらの技術により，多数の鋳型 DNA（土壌 DNA から増幅した細菌 16S rRNA 遺伝子断片など）を 1 つの反応系で区分けして PCR 増幅させ，シーケンス反応を行うことが可能になった．

　次世代シーケンサーによる解析では，機種や設定条件にもよるが，一度に 10 万から数十億の塩基配列情報（リードといい，1 リード長は 100〜数百塩基）が得られる．土壌微生物研究において，この高い検出力が最も生かされているのは群集構造解析である．従来のクローンライブラリー法による解析では，1 試料あたり 100 クローン程度の解析にとどまったが，次世代シーケンサーにより PCR 増幅産物を網羅的に解析するアンプリコンシーケンス解析（16S rRNA 遺伝子の場合，メタ 16S 解析ともよばれる）では，複数の異なる試料を同時に解析するマルチプレックスシーケンスでもその数十倍以上の高い検出力があり，これまでに検出できなかったわずかな微生物群集構成の違いを捉えることができる．

　このほか，次世代シーケンサーは，分離した微生物のゲノム解析や，土壌を 1 つの生命体とみなして，PCR 増幅過程を経ずに遺伝子情報，転写産物情報の全貌を網羅的に解析するメタゲノム解析，メタトランスクリプトーム解析にも大きな力を発揮している．

4.3.6　安定同位体プロービング（SIP）法

　土壌中の物質循環の中で，ある反応にかかわる微生物を特定することは難しい．安定同位体プロービング（stable isotope probing：SIP）法は，^{13}C や ^{15}N などの安定同位体でラベルした基質を土壌に加え，安定同位体を取り込んだ微生物を分子生物学的な手法を用いて検出する方法である．その基質の代謝に直接的にかかわる微生物を特定できるほか，土壌中でその基質に由来する炭素や窒素の微生物間の流れを追跡することもできる（村瀬，2013）．

4.4　バイオログ

　バイオログは微生物の炭素基質資化パターンを評価するために Biolog 社により開発された商品である．96 ウェルプレート（または 32 ウェル）に異なる炭素基質と呈色試薬があらかじめ分注されており，微生物がその炭素を利用した際の呈色度合いをマイクロプレートリーダーで評価する．分離した微生物の炭素基質

資化パターンの評価はもちろん，希釈した土壌試料溶液を接種することで，土壌中の微生物群集の基質利用性のパターンを簡便に評価できる．

4.5 研究目的と手法

以上のように，それぞれの手法には一長一短がある．1つの手法ですべてをあきらかにすることはできないため，手法の特徴をよく理解した上で研究に用いなければならない．また，解析手法は日々改良され，新しい技術も開発されている．次世代シーケンサーでは，第三世代シーケンサーとよばれる1分子リアルタイムシーケンス技術を搭載した機種が登場し，1分子の鋳型DNAを増幅することなく1万塩基長まで解読することが可能になった．さまざまな選択肢がある中，どの手法を利用することが適当であるのか，よく見極めることが重要である．

渡邉健史

コラム1　次世代シーケンサーを用いた土壌微生物研究

このコラムの依頼が筆者に来る直前の2017年11月が終わる頃，自然科学の専門雑誌 *Nature* に地球上の生物圏に棲む細菌とその生態系をトータルで捉える地球マイクロバイオームの研究成果が発表された．地球誕生から現在に至るほとんどの期間で微生物こそが唯一の生命体であり，膨大な数の微生物がマイクロバイオームというまとまりをなして存在し，地球規模のさまざまな生命現象に深くかかわり，生物圏の物質循環を駆動する役割を担っている．マイクロバイオームの解析には，2000年代の初めに解読能力が大幅に向上した次世代型のシーケンサーが利用された．これまでのサンガー法による自動式キャピラリーシーケンサーよりもはるかに膨大な遺伝子の配列情報が高速に読み出せるようになり，バイオインフォマティクスによるゲノム情報処理の発達も相まって，ゲノム解読は新たな局面を迎えた．

微生物群集を培養することなく，環境試料から直接回収した無数の微生物（たとえば，アーキア・細菌・菌類など）に由来するDNAを次世代シーケンサーによって網羅的に解析する手法をメタゲノミクスとよぶ．メタゲノミクスの解析により，

複雑な微生物生態系の代謝経路が同定され、バイオインフォマティクス解析でその
ネットワークがバーチャル化できるようになった。これまでに見つからなかった新
たな酵素や生命現象にかかわる遺伝子の候補を見出すことが可能となりつつある。
また、PCR 増幅断片内の遺伝的な変異を検出するアンプリコンシーケンスという手法
もメタゲノミクスに含まれる。たとえば、回収した DNA から微生物の系統分類の
指標となっているリボソーム RNA 遺伝子領域を PCR 法で増幅し、その産物（アン
プリコン）を次世代シーケンサーで解読することで微生物群集の多様性や構成が調
べられる。

　筆者がかかわる土壌微生物メタゲノミクスの研究事例を紹介したい。2000 年に噴
火した三宅島雄山に堆積した火山灰に棲みはじめた細菌群集と、噴火から十数年経
過した後に植生が発達して火山灰堆積物の上に新たに形成された土壌層位の細菌
群集を解析した。その結果、火山灰堆積物には培養困難な鉄酸化細菌に由来する窒
素固定や、炭酸ガス固定にかかわる遺伝子の存在比が増加していた。鉄酸化細菌が
無機的な火山灰堆積物に炭素や窒素を供給し、従属栄養性微生物や植物が生育でき
る環境を作ると推察された。また、形成された土壌層において、光合成を行う細菌
由来の炭酸ガス固定にかかわる遺伝子が増加していて、細菌種の多様化と従属栄養
性細菌群集への遷移が推定された。別の研究事例では、異なる農法によって形成さ
れた土壌団粒の細菌群集について解析した。数年間の継続的な不耕起（土を耕さな
い）によって管理された、畑地の土壌団粒に棲む細菌群集組成に与える影響をアン
プリコンシーケンス解析から評価したところ、不耕起／耕起という土壌管理の違い
が細菌群集の動態に影響を及ぼしていた。とくに不耕起土壌では団粒内の有機物を
利用する細菌種が異なり、団粒サイズごとに細菌種が棲み分けていることが推察さ
れた。つまり、農法によって土壌細菌群集をコントロールできる可能性が示唆され
る。

　米国立生物工学情報センター（National Center for Biotechnology Information：
NCBI）には、世界各国の研究者によって提供された微生物のゲノム情報が統合さ
れている（https://www.ncbi.nlm.nih.gov/genome/）。これまでに分離した微生物の
ゲノム解読数を調べてみると、アーキア（1415）、真正細菌（21198）、真菌類（1236）
にも及ぶ（2018 年 2 月 26 日現在）。次世代シーケンサーの性能が向上して 20 kb 程
度の非常に長い塩基配列を一気に解読することが可能となったため、すさまじい勢
いで微生物ゲノムの解析が進められている。メタゲノミクスによって、難培養な細

菌であっても分離することなく，そのゲノム情報を得ることができるようになった．得られる細菌の遺伝情報はバーチャルな環境適応の結果を表しており，難培養性細菌の生理生態的な性質を特徴付けることができる．最近になって，ラップトップ型のパソコンと USB ケーブルでつなげられるポータブルな超小型シーケンサーが開発され，試料を採取する現場で塩基配列情報を取得できるようになった．これまでは土壌試料を研究室に持ち帰ってから DNA を回収していたため，時間的なギャップがあった．活発な土壌マイクロバイオームの試料を現場で解析することができるようになると，リアルな土壌生態系機能の解明への期待が膨らむ．

　2010 年 10 月に日本で開催された生物多様性条約第 10 回締約国会議（COP10）で「遺伝資源に関わる利益の公正かつ公平な配分の要求」が決定され，名古屋議定書が締結された．その後，COP10 で議論された遺伝情報の取り扱いが研究者から国家のレベルにまで拡大した．研究対象が試料採取国の資源となるため，塩基配列情報もその国の遺伝資源の範疇に含まれる可能性がある．遺伝情報は人類の重要な資源であるからこそ，自由に共有されるべきであり，メタゲノミクスの解析によってもたらされた膨大な遺伝情報の有用性について，まさに理解されはじめたところである．

　土壌微生物の研究は産業・医療・農業など幅広い分野で生かされている．これまで述べてきたようなメタゲノミクスの解析によってもたらされる土壌微生物研究の成果は，現代の土壌圏科学分野のあらゆる局面にインパクトを及ぼす可能性を秘めている．最近，人工知能（AI）が産業・医療・農業に導入されはじめた．AI が複雑で膨大な遺伝情報をさまざまに組み合わせてシュミレーションすることで，土壌微生物に潜む未知なる能力を引き出すことができると期待される．　　　**西澤智康**

5

窒素循環を担う微生物

　肥料の三大必須元素の1つである窒素（N）は，DNA，タンパク質，ならびにATPに含まれ生物にとって不可欠な元素である．土壌微生物は土壌中のそれら有機態窒素を窒素無機化，硝化，および脱窒の一連の流れを介して窒素ガス（N_2）へと変換し，大気や水圏への地球規模の窒素循環を駆動するはたらきをもっている．近年，農業活動の拡大にともない，二酸化炭素の約300倍の熱吸収効率を有する温室効果ガスである一酸化二窒素（N_2O）の放出が，21世紀の環境問題の一つとして注目されている．窒素循環を担う土壌微生物の制御は持続的な農業の発展に不可欠な課題である．

5.1　窒素無機化

　窒素の無機化（mineralization）とは，タンパク質，核酸，ペプチドグリカンやキチンなどの窒素含有生体高分子に由来する有機態窒素が，動物の排泄物，植物根の滲出物や動植物の遺体として土壌に放出され，土壌動物や微生物のはたらきにより段階的に分解されてアミノ酸や窒素塩基（プリンとピリミジン）を生じ，最終的にアンモニウムイオンや硝酸イオンといった無機態窒素に変換されることである．とくに，アンモニウムイオンを生成する過程はアンモニア化（ammonification）とよばれる．無機化された窒素の一部は，増殖中の微生物に吸収・同化されて有機態窒素に変換され（窒素の有機化とよばれる），再び微生物の死滅分解により無機化される代謝回転を繰り返しており，土壌窒素の無機化と有機化は動的平衡状態にある．

　有機態窒素の分解においては，まず微生物が利用可能な状態にまで低分子化することが必要となる．これにはプロテアーゼやキチナーゼなどが関与する．プロテアーゼによるタンパク質分解は，無機化の律速段階となることが知られている．

その後，アミダーゼによるアミノ酸の脱アミノ化やウレアーゼによる尿素の加水分解などによってアンモニウムイオンが生じる．土壌表面では菌体外プロテアーゼを生産する *Alternaria, Aspergillus, Mucor, Penicillium, Rhizopus* といった糸状菌が大きな役割を果たす一方，土壌中では細菌の役割が大きい．水田土壌ではグラム陽性細菌の *Bacillus* のプロテアーゼ活性が主要なものであるとされている．*Clostridium* のような嫌気性胞子形成細菌による嫌気条件下のタンパク質分解では，一部のアミノ酸がアミンに変換されるが，生じたアミンはほかの細菌によって好気条件で酸化され，アンモニウムイオンが放出される．また *Clostridium* には，アミノ酸や窒素塩基を基質とする発酵によってアンモニウムイオンを生成するものもいる．

　アンモニア化のほかに，アンモニウムイオンを生じる微生物反応には，異化的硝酸還元（dissimilatory nitrate reduction to ammonium：DNRA）およびアンモニア発酵（ammonia fermentation）が知られているが，これらはいずれも無機態窒素の変換であるため無機化の過程ではない．DNRA 反応は硝酸イオンをアンモニウムイオンに還元する反応で，土壌有機物が豊富で硝酸塩濃度が相対的に低い環境中で *Bacillus* をはじめとする多様な微生物によって行われるとされている．また，アンモニア発酵は，嫌気条件の強い環境で糸状菌が行う反応で，硝酸イオンからアンモニウムイオンが生成されるが，DNRA と反応機構は異なる．

　有機態窒素の無機化量は植物が利用可能な地力窒素に相当し，土壌の肥沃度を表す指標となっている．この，有機物からのアンモニア生成量は，土壌に与えられる有機物の C/N 比によって大きく異なる．一般的に，C/N 比が 6 前後である土壌微生物バイオマスと比較して，C に対する N の相対量が少ない C/N 比が 20以上の有機物では，無機化された窒素は再び増殖中の微生物に利用され有機化するため，土壌中にはアンモニウム塩が放出されない．また，C/N 比が高い有機物と化学肥料の N を同時に施用すると，肥料由来の窒素が有機化されて肥料由来窒素の効果が認められなくなり，作物に窒素欠乏が生じたりする場合がある．このような，作物と微生物との間に無機態窒素の奪い合いが起こり，作物が窒素不足になることを窒素飢餓（nitrogen starvation）とよぶ．

　土壌の急激な環境変化によって有機態窒素の無機化が促進されるが，乾土効果（乾燥−湿潤），地温上昇効果，機械的処理効果（団粒粉砕），凍土効果（凍結−解凍），焼土効果，pH 変換効果などとして知られている．無機化される窒素量は，

環境変化で死滅したバイオマスに由来している．また，植物根からの滲出物が土壌微生物の増殖を促進し，細胞外酵素の産生も上昇することで，炭素や窒素の無機化が促進される根圏プライミング効果が報告されている． 鮫島玲子

5.2 硝　　　化

5.2.1 硝化菌

硝化（硝酸化成）は硝化菌（硝酸化成菌）のはたらきによってアンモニア（NH_3）が硝酸イオン（NO_3^-）までに変換される過程である．土壌に棲息する硝化菌は，前述の微生物のはたらきで有機態窒素化合物から分解され生じたNH_4^+をNO_3^-に変換している（図5.1）．アンモニウムイオンを亜硝酸イオン（NO_2^-）に変換することができる微生物をアンモニア酸化菌（あるいは亜硝酸菌）とよび，亜硝酸イオンを硝酸イオンに変換できる微生物を亜硝酸酸化菌（あるいは硝酸菌）とよぶ．

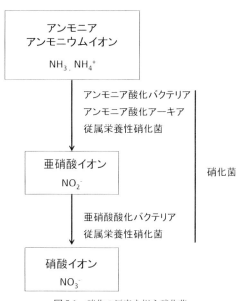

図 5.1　硝化の反応を担う硝化菌

表 5.1　土壌から純粋分離に成功した硝化菌

独立栄養硝化菌	アンモニア酸化バクテリア	ニトロソモナス属	*Nitrosomonas communis*
			Nitrosomonas europaea
			Nitrosomonas oligotropha
			Nitrosomonas ureae
		ニトロソスパイラ属	*Nitrosospira briensis*
			Nitrosospira tennis
			Nitrosospira multiformis
	アンモニア酸化アーキア	ニトロソスパエラ属	*Nitrososphaera viennensis*
	亜硝酸酸化バクテリア	ニトロバクター属	*Nitrobacter winogradskyi*
			Nitrobacter hamburgensis
従属栄養硝化菌		シュードモナス属	*Pseudomonas putida*
		パラコッカス属	*Paracoccus denitrificans*

5.2.2　難培養性の土壌性硝化菌

硝化菌は難培養性の微生物である．1890（明治 23）年に微生物学者ヴィノグラドスキー（S. N. Winogradsky）が初めて土壌から化学合成独立栄養の硝化菌の存在をあきらかにしてから 100 年以上がたつが，純粋分離され学名が正式に登録されている硝化菌はそれほど多くない（表 5.1）．20 世紀中はアンモニア酸化菌として，アンモニア酸化バクテリア（*Nitrosomonas, Nitrosospira, Nitrosococcus*）が硝化の第 1 段階の変換を担っていると考えられてきた．しかし，21 世紀初頭に土壌におけるアンモニア酸化アーキアの棲息が発見され，ほとんどの土壌においてアンモニア酸化アーキアはアンモニア酸化バクテリアより微生物の数として優勢であることがあきらかになった（Leininger *et al.*, 2006）．しかし，土壌性アンモニア酸化アーキア（*Nitrososphaera, Nitrosotalea*）が純粋培養に成功した報告はアンモニア酸化バクテリアに比べるとまだ少ない．そのため，アンモニア酸化アーキアの生理学的研究はまだ未解明な部分が多い．亜硝酸酸化菌には *Nitrobacter* 以外にも多くの *Nitrospira* が土壌に棲息していることが知られているが，純粋培養に成功した土壌性の亜硝酸酸化菌は *Nitrobacter* のみである．2015 年末には，油田掘削跡地の湧き水から 1 つの細胞でアンモニアから硝酸イオンに酸化できるコマモックス菌（complete ammonia oxidizer：comammox）が発見された（Daims *et al.*, 2015）．土壌においてもコマモックス菌が存在しているのか，さらにコマモ

ックス菌の土壌硝化への貢献度の解明が今後の大きな課題である.

5.2.3 独立栄養と従属栄養

独立栄養硝化菌はアンモニアあるいは亜硝酸イオンをエネルギー源として利用する.アンモニア酸化バクテリアや亜硝酸酸化バクテリアは,カルビン回路により二酸化炭素を固定する独立栄養性の微生物である.アンモニア酸化アーキアも独立栄養性の微生物であるが,ヒドロキシルプロピオン酸/ヒドロキシルブチル酸回路により二酸化炭素を固定する.一方,従属栄養硝化菌はアンモニアあるいは亜硝酸イオンを硝酸イオンに変換できるが,細胞の炭素源を有機炭素に依存して生育する.従属栄養の硝化菌としてはバクテリア(*Pseudomonas*, *Paracoccus*, *Bacillus*)や糸状菌(*Aspergillus*, *Penicillium*)で報告がある.

5.2.4 硝化菌の生態

農耕地土壌では,独立栄養のアンモニア酸化バクテリアよりアンモニア酸化アーキアのほうが微生物の数として優勢であるとの報告が多い.しかし,窒素肥料の施肥量が多い土壌ではアンモニア酸化バクテリアとアンモニア酸化アーキアの数は同じレベルになる傾向が確認されている(Leininger *et al.*, 2006).過剰な施肥により土壌 pH の低下した環境では,アンモニア酸化アーキアの *Nitrososphaera* よりアンモニア酸化バクテリアの *Nitrosotalea* が微生物の数として優勢になることが知られている(Bertagnolli *et al.*, 2016).アンモニア酸化バクテリアにおいては,*Nitrosospira* が農耕地土壌から高頻度で検出され,*Nitrosospira* のほうが *Nitrosomonas* より微生物の数として優勢である(Zeglin *et al.*, 2011).

森林土壌においても,独立栄養のアンモニア酸化バクテリアよりアンモニア酸化アーキアのほうが微生物の数として優勢であるとの報告が多い(Onodera *et al.*, 2010).加えて,森林土壌ではバクテリアの硝化菌よりも従属栄養の糸状菌が土壌の硝化に大きく関与しているとの報告がある(Zhu *et al.*, 2015).　　　　中川達功

5.3 脱　　　　窒

脱窒(denitrification)とは,窒素酸化物である NO_3^-, NO_2^-,一酸化窒素(NO),一酸化二窒素(N_2O)が,酸化数の高いものから段階的に還元され,最終的には

窒素ガス（N_2）にまで還元される4段階の過程の総称である．これらの反応は一種の嫌気呼吸であり，脱窒微生物は酸素の代わりに窒素酸化物を最終電子受容体として利用する．そのため，脱窒は水田や泥炭土壌，あるいは降雨後の畑土壌などの微好気的環境や嫌気的な環境において，最終電子受容体（窒素酸化物）と電子供与体（有機物）が豊富に存在する場合に活発に起こる．

脱窒関連遺伝子は4段階においてそれぞれ，NO_3^- 還元酵素遺伝子（*narG* または *napA*），NO_2^- 還元酵素遺伝子（*nirK* または *nirS*），NO 還元酵素遺伝子（*qnorB* または *cnorB*），そして N_2O 還元酵素遺伝子（*nosZ*）が知られている．各種脱窒菌が保有する脱窒関連遺伝子の数，種類や組み合わせは，属，種あるいは菌株のレベルで異なる．そのため，1つの微生物で4段階の脱窒過程が完全に進行し，NO_3^- から最終産物として N_2 を生成する場合もあるが，部分的な脱窒関連遺伝子しか保有していないために最終産物として NO_2^-，あるいは NO や N_2O を発生したり，NO_3^- を脱窒に利用できなかったりといった不完全脱窒が進行する場合もある．また，4段階すべての脱窒関連遺伝子を保有する微生物でも，嫌気不十分による酸素の存在，あるいは酸性条件により最終段階の N_2O 還元過程が阻害されると，N_2O が放出される．N_2O は二酸化炭素，メタンに次ぐ温室効果ガスであり，またオゾン層破壊の第1の原因ガスとしても知られており，その農地からの発生抑制が課題である．

脱窒能をもつ微生物は，α-, β-, γ-プロテオバクテリアやグラム陽性細菌など系統的に多様な従属栄養細菌や一部のアーキアである．また，一部の真菌も脱窒をすることが知られている．通性嫌気性細菌である *Pseudomonas stuzeri* や *Paracoccus denitrificans* において脱窒遺伝子やその制御に関する分子レベルの研究が進展してきたが，これらの細菌が嫌気条件において酸素呼吸から脱窒に切り替える分子機構も詳細に調べられている．また，脱窒関連遺伝子の配列情報を用いて，環境 DNA 中の脱窒菌の多様性があきらかになってきた．土壌 DNA 解析と分離培養法による一連の研究により，水田では α-, β-, γ-プロテオバクテリアのみでなく，鉄還元や硫酸還元を担うとされてきた δ-プロテオバクテリアの，とくに *Anaeromyxobacter* が N_2O 還元に深く関与している可能性が示唆されている．また，窒素固定菌（*Azospirillum*, *Magnetospirillum*, *Bradyrhizobium* など）や光合成細菌（*Rhodobacter*, *Rhodoplanes*, *Rhodopseudomonas* など）の中にも，脱窒能をもつものが知られている．ダイズ根粒菌 *Bradyrhizobium* は土壌中での単生

状態のみでなく，ダイズの根に根粒を形成している共生状態においても脱窒を行うが，N_2O 還元能を強化した株を接種すると，ダイズ根圏からの N_2O 発生を抑制することがあきらかにされている．

　真菌である糸状菌（*Fusarium, Cylindrocarpon, Aspergillus, Penicillium* など）や酵母（*Trichosporon, Candida* など）にも，脱窒を行うものがいるが，真菌による脱窒には，最終段階である N_2O 還元過程がない．また土壌においては，糸状菌バイオマスは細菌バイオマスに比べて大きいことから，糸状菌は N_2O 発生の原因微生物となっていることが懸念される．糸状菌による脱窒（真菌脱窒）は，ミトコンドリアで起こる NO_3^- 還元と NO_2^- 還元，および NO 還元の 3 段階からなり，酸素の不足した微好気条件におけるエネルギー獲得に寄与している．細菌脱窒とは異なり，ミトコンドリアにおける酸素呼吸と同時に進行するため，低濃度の酸素を必要とする場合が多い．真菌による NO 還元は独特な NO 還元酵素 P450nor によって担われている．シトクロム P450 のスーパーファミリーに属するが，NADH から直接電子を受け取る特徴をもっており，ATP 合成には直接的には関与していない．また，真菌脱窒における NO_3^- 還元には属種，あるいは株レベルによって違いがみられ，NO_3^- 還元を行わないものや，同化型 NO_3^- 還元を利用するものも存在する．

　前述の通り P450nor は真菌脱窒における NO 還元を担う酵素だが，共脱窒（co-denitrification）とよばれる反応をも触媒すると報告されている．脱窒反応は 2 分子の NO を結合させて N_2O を生成させるが，共脱窒は，NO と NO 以外の窒素化合物（アザイド，ヒドロキシルアミン，アンモニア，アミン系の有機態窒素などで共基質とよばれる）を結合させて N_2O あるいは N_2 を生成する．共脱窒反応により，生物残渣などの有機態窒素が直接 N_2O あるいは N_2 の由来となるため，土壌生態系における無機態窒素の循環経路を推定する場合に考慮する必要が出てくる．

　酸素を最終電子受容体として利用する好気呼吸のほうが，窒素酸化物を利用する嫌気呼吸よりも ATP 生産効率がはるかに高いため，通性嫌気性の脱窒菌は好気条件では脱窒関連遺伝子群の発現は制御され，脱窒を行わないのが一般的である．しかし，*Paracoccus, Pseudomonas, Bacillus* などに属する細菌に好気的脱窒を行うものがいる．*Paracoccus* の好気的脱窒が起こるメカニズムは，脱窒酵素の酸素感受性の問題ではなく，脱窒関連遺伝子の発現制御系の問題ではないかと考

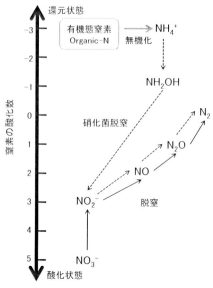

図 5.2 脱窒（→）と硝化菌脱窒（--→）の経路
脱窒は嫌気的に起こるが，硝化菌脱窒は好気的にも起こりうる．

えられている．排水処理においては，高活性の好気的脱窒菌に従属栄養的な硝化も行わせることで，同時に硝化脱窒を行わせることが試みられている．土壌においては，*Mesorhizobium* の好気的脱窒菌が分離された例があるが，土壌生態系における好気的脱窒反応の貢献度に関する知見は現在のところほとんどない．

硝化菌の一部には好気的に硝化と脱窒を連続して行うものがいる（図5.2）．この反応は硝化菌脱窒（nitrifier denitrification）とよばれているが，一般的な脱窒とは異なり，酸素によって活性が阻害されず，最終産物が N_2O である．硝化菌脱窒を行う *Nitrosomonas europaea* の NO_2^- 還元酵素（NeNIR）は酸素や pH の変化に耐性を示すことから，硝化と脱窒が同時に起こりうると考えられる．この反応が ATP 生産に関与しているかどうかは，まだあきらかにされていないが，酸素に加えて窒素酸化物を呼吸に使うことでアンモニア酸化の効率を上げたり，硝化で生成する NO_2^- を解毒したりする役割が考えられている．好気，微好気環境において，硝化菌脱窒は土壌からの N_2O 生成の主要な経路と考えられている．

鮫島玲子

6

有用微生物 1 ―窒素固定細菌―

　生物窒素固定は太古の昔から地球生態系にとって重要な役割を果たしてきた．もし，生物窒素固定がなかったら地球上の生物はごく小さな生物のまま進化していただろう．人類は，紀元前よりマメ科植物が痩せた土地でも育ち，土壌を肥沃にすることを知っていて，古代ローマ時代にはマメ科作物を組み合わせた輪作を行っていた．19世紀の終わり，マメ科植物の根粒の内部に感染している微生物が，宿主植物に必要な窒素を供給する役割をもつことがあきらかにされた．その後，さまざまな微生物がさまざまな形で窒素固定を行っていることがあきらかにされている．この章では，それら窒素固定細菌のはたらきを解説する．

6.1　窒素循環と窒素固定細菌

　窒素 N は，形態を変えながら地球の大気圏，地圏，水圏および生物圏をめぐる元素である．窒素ガスは大気の 78% を占め，3.95×10^9 TgN と見積もられる．さらに窒素は，地球を覆う土壌に 1.9×10^5 TgN，岩石堆積物に 1.0×10^9 TgN，海洋に 2.1×10^7 TgN，陸上生物相に 1.0×10^4 TgN，海洋生物相に 5.0×10^2 TgN 存在すると推定される（Galloway, 2003）．窒素の循環量は地球規模で年間 570 TgN にのぼる（図6.1）．このうち，大気窒素を生物圏に取り込むのが生物的窒素固定とよばれる生物反応であり，自然界の陸地生態系における固定窒素量が 58 TgN，農耕地においては 60 TgN，さらに海洋においては 140 TgN とされる．地球上の生物的固定窒素量は 258 TgN となり，高温高圧下で N_2 と H_2 を反応させてアンモニア（NH_3）を合成するハーバー・ボッシュ法に代表される工業的固定窒素量の 2 倍以上になる（Fowler *et al.*, 2013）．

　窒素は植物に必須の多量元素で，植物体（乾物）中で，炭素，酸素，水素に次いで含有量の多い元素であり，アミノ酸，核酸，葉緑素，ATP など，生物にとっ

第6章 有用微生物1—窒素固定細菌—

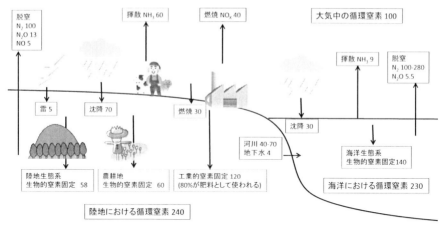

図6.1 地球の窒素循環（TgN/年）

て重要な成分の構成元素となっている．大気中にはN_2として大量に存在するが，真核生物である動物や植物はN_2を直接利用することはできない．N_2を還元してNH_3に変換できる能力（窒素固定能）は，一部の真正細菌（bacteria）とアーキア（archaea），つまり原核生物に限られる．窒素固定細菌は，大きく単生窒素固定細菌と共生窒素固定細菌に分類され，窒素固定能は酵素ニトロゲナーゼ（nitrogenase）が担う．N_2は三重共有結合を有する安定な化合物であるため，共有結合を切断し水素を付加してアンモニアを生成する反応に大きなエネルギーを要し，1 molの窒素分子をアンモニアに還元するために必要とされるエネルギーはATP 16 molにもなる．共生窒素固定を行う宿主植物が，多量の光合成産物をエネルギーとして共生窒素固定細菌に与えてまでも窒素獲得のために共生進化の道を選んだのは，窒素が多量に必要であるにもかかわらず土壌環境中で不足しやすい元素だからであろう．

　植物は，進化の過程で窒素獲得能力や窒素利用効率を高めてきた．その中でもマメ科植物は，窒素固定細菌と共生関係を結ぶ能力を獲得したことによって，間接的に大気窒素を利用する能力を獲得し，窒素不足からほぼ解放されたといえる．共生する窒素固定細菌は根粒菌とよばれ，宿主マメ科植物の根に感染して根粒とよばれる瘤状の器官中で細胞内共生を確立し，共生窒素固定を行うグラム陰性細菌である．そのほか，細胞内共生窒素固定として，シアノバクテリア（*Nostoc*）

と被子植物のグンネラ（*Gunnera*），アクチノバクテリアのフランキア（*Frankia*）と8科23属の木本植物との共生が知られており，フランキアと放線菌根（actinorhiza）とよばれる根粒を形成する植物をアクチノリザル植物（actinorhizal plant）とよぶ．また，細胞外共生窒素固定としてシアノバクテリア（*Anabaena*）とシダ植物（*Azolla*），シアノバクテリア（*Nostoc*）とソテツ類（cycads）やコケ類（mosses）・地衣類（lichens）との共生が知られている．一方，単生窒素固定細菌は，環境中で単独で大気窒素を固定する細菌で，*Azotobacter*, *Azospirillum*, *Klebsiella* などのプロテオバクテリア，*Clostridium*, *Bacillus* などのファーミキューテス，*Anabaena* などのシアノバクテリア，さらにはアーキアの一部が知られている．代表的な共生窒素固定細菌の分類と特徴を表6.1に，単生窒素固定細菌の分類と特徴を表6.2に示した．

図6.2は代表的な窒素固定細菌の16S rRNA遺伝子の系統樹を示したものである．窒素固定細菌は多種多様であり，プロテオバクテリア，ファーミキューテス，アクチノバクテリア，シアノバクテリア，緑色硫黄細菌といった真正細菌からアーキアにわたる原核生物の分類群の広い範囲にわたって窒素固定細菌が存在している．この事実は，生命進化の初期の段階でニトロゲナーゼの祖先酵素を有する生物が誕生したことを意味している．ニトロゲナーゼ遺伝子 *nifDK* の系統解析から，ニトロゲナーゼの祖先酵素の起源はアーキアと真正細菌が分枝する以前であったと推測されている（鮫島（斎藤）・南澤，2004）．

6.2 ニトロゲナーゼと窒素固定

生物的窒素固定反応は以下の通りである．
$$N_2 + 8H^+ + 8e^- + 16ATP \rightarrow 2NH_3 + H_2 + 16ADP + 16Pi$$
ニトロゲナーゼは，ジニトロゲナーゼ（dinitrogenase）とジニトロゲナーゼレダクターゼ（dinitrogenase reductase）の複合体（nitrogenase protein complex）として機能している（図6.3）．ジニトロゲナーゼは *nifD* と *nifK* の遺伝子にコードされる FeMo タンパク質の α サブユニットと β サブユニットが $\alpha_2\beta_2$ 構造を形成する4量体タンパク質である．ジニトロゲナーゼレダクターゼは，*nifH* 遺伝子がコードする Fe タンパク質 α サブユニットのホモ2量体タンパク質である．窒素をアンモニアに還元する活性中心部位はジニトロゲナーゼの α サブユニットに存

第 6 章　有用微生物 1 —窒素固定細菌—

表 6.1　おもな共生窒素固定細菌の分類と特徴

共生窒素固定細菌 Symbiotic N fixer	グループ	属名	おもな宿主植物	共生組織	細胞内外	ニトロゲナーゼ防御
根粒菌	α-プロテオバクテリア	*Rhizobium*	インゲン・エンドウ・ソラマメ・クローバー・サイラトロ・ラッカセイ	根粒	内	レグヘモグロビン
		Bradyrhizobium	ダイズ・ササゲ・ラッカセイ・サイラトロ・ルービン・キマメ・ニレ科パラスポニア	根粒	内	
		Ensifer (*Sinorhizobium*)	アルファルファ・ダイズ・サイラトロ・キマメ	根粒	内	
		Mesorhizobium	ミヤコグサ・ゲンゲ・ヒヨコマメ	根粒	内	
		Azorhizobium	セスバニア	茎粒	内	
		Allorhizobium	ミズオジギソウ	根粒	内	
		Neorhizobium etc.	ガレガ	根粒	内	
	β-プロテオバクテリア	*Burkholderia* *Cupriavidus* etc.	オジギソウ等多数のマメ科植物	根粒	内	レグヘモグロビン
アクチノバクテリア	フランキア	*Frankia*	ハンノキ・ヤマモモなど木本植物（アクチノリザル植物）	根粒 (放線菌根)	内	小胞 (Vesicle) またはヘモグロビン
シアノバクテリア	ネンジュモ	*Nostoc*	コケ類	葉状体の小孔	外	ヘテロシスト
		Nostoc	ソテツ類	サンゴ根	外	
		Anabaena	シダ植物（アゾラ）	葉の小孔	外	
		Nostoc	被子植物（グンネラ）	葉柄基部	内	

(DDBJ データベースから抜粋して作表. 属名・種名は今後増えていくものと考えられる)

在し，FeMo-cofactor とよばれる．この FeMo-cofactor と β サブユニットの P-cluster の 2 つの補助因子が電子伝達系において役割を果たしている（横山，2003）．ジニトロゲナーゼは，窒素固定の際，H^+ を還元して H_2 を生成する．一部の窒素固定細菌は発生した水素を吸収型ヒドロゲナーゼ（uptake hydrogenase）によって再酸化し，電子供与体の再還元に用いて窒素固定効率を高めている．

　ニトロゲナーゼは生物圏へ窒素を供給するのに重要な役割を担っている酵素で

6.2 ニトロゲナーゼと窒素固定　　　　55

表 6.2　おもな単生窒素固定細菌の分類と特徴

単生窒素固定細菌 Free-living N fixer	グループ	属名	生態的特徴	栄養性	ニトロゲナーゼ 防御
プロテオバクテリア	α-, β-, γ-, δ-, ε- プロテオバク テリア	*Azospirillum* *Azotobacter* *Klebsiella* *Desulfovibrio* etc.	微好気性菌 好気性菌 通性嫌気性菌 偏性嫌気性菌	従属栄養 従属栄養 従属栄養 従属栄養	原形質膜への酸素 消費酵素の局在 または嫌気環境
グラム陽性細菌	ファーミキュ ーテス	*Clostridium* *Bacillus* etc.	偏性嫌気性菌 通性嫌気性菌	従属栄養 従属栄養	嫌気環境
シアノバクテリア	ネンジュモ ユレモ	*Anabaena* *Nostoc* *Oscillatoria* etc.	好気性光合成菌 好気性光合成菌 好気性光合成菌	独立栄養 独立栄養 独立栄養	ヘテロシスト （非ヘテロシスト）
緑色硫黄細菌	クロロビウム	*Chlorobium* *Chloroherpeton* etc.	嫌気性光合成菌 嫌気性光合成菌	独立栄養 独立栄養	嫌気環境
ユリアーキオータ （アーキア）	メタン菌	*Methanobacterium* *Methanococcus* *Methanosarcina* etc.	偏性嫌気性菌 偏性嫌気性菌 偏性嫌気性菌	独立栄養 独立栄養 独立栄養	嫌気環境

あるが，酸素感受性であるため，通常の細胞内酸素濃度では不可逆的に失活してしまい，窒素固定活性を示すことができない．そのため，窒素固定細菌はニトロゲナーゼを失活させないために酸素からの防御機構を発達させてきた．マメ科植物と根粒菌との共生窒素固定においては，根粒の発達過程で植物がつくるレグヘモグロビン（leghemoglobin）が根粒菌の感染細胞を囲み，細胞内酸素分圧を低く保つ仕組みを発達させ，さらに低酸素条件下において窒素固定関連遺伝子群の発現が起きる仕組みを有している．根粒の内部が赤くみえるのはレグヘモグロビンが存在するためである（図6.4）．また，フランキアはアクチノリザル植物との共生において，根粒中でベシクル（vesicle）とよばれる厚い脂質の多重膜でできた小胞を形成し酸素からニトロゲナーゼを保護している（図6.5）．一部のアクチノリザル根粒ではヘモグロビンが酸素分圧を下げる役割を担っている．シアノバクテリアは，ヘテロシスト（heterocyst）とよばれる光化学系IIをもたない窒素固定に特化した細胞を形成し，酸素バリアーとなる細胞壁を形成してニトロゲナー

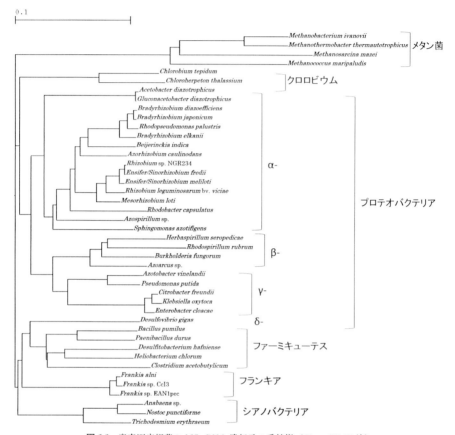

図 6.2 窒素固定細菌の 16S rRNA 遺伝子の系統樹（ClustalW-Nj 法）

ゼを保護している．ヘテロシストを形成しないシアノバクテリアも知られており，このようなシアノバクテリアでは細胞内窒素が不足し，かつ光合成を行わない夜間に細胞内の低酸素分圧を感知して窒素固定遺伝子群が発現する．単生窒素固定細菌は嫌気環境で窒素固定を行うものが多いが，*Azotobacter* は好気性細菌であり，原形質膜にシトクロム系（呼吸系）酵素を局在させ，高い呼吸活性によって細胞内を低酸素状態にするとともに酵素の分子構造変化により酸素によるニトロゲナーゼの不活化を防いでいる（植田・松口, 1994）．

　窒素固定活性は，ニトロゲナーゼ活性を測定することによって推定される．こ

6.2 ニトロゲナーゼと窒素固定　　　　　　　　　　　　　57

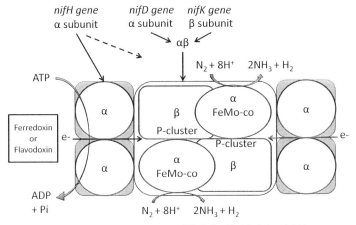

図 6.3　ニトロゲナーゼタンパク質複合体の構造と窒素固定反応

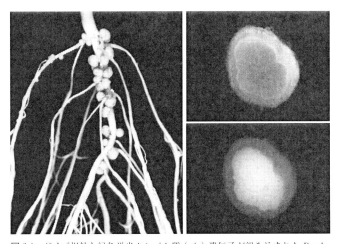

図 6.4　ダイズ根粒と緑色蛍光タンパク質 (gfp) 遺伝子が組み込まれた *Bradyrhizobium* 根粒菌が感染した根粒断面
根粒内部がレグヘモグロビンで赤く（右上図），レグヘモグロビン存在部位に根粒菌の感染（緑色蛍光；右下図）が確認できる（口絵参照）．

のニトロゲナーゼは基質特異性が比較的低く，広い範囲の低分子量化合物の分子中三重結合を還元する．このことから，ニトロゲナーゼ活性は，アセチレンを作用させて生成したエチレン量で評価される（アセチレン還元活性）．

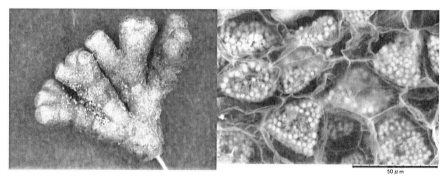

図 6.5 ハンノキ属ヤシャブシ（*Alnus firma*）の根粒（左）とハンノキ属根粒のベシクル（右）（口絵参照；九町健一博士提供）

$$C_2H_2 + 2H^+ + 2e^- + 4ATP \rightarrow C_2H_4 + 4ADP + 4Pi$$

窒素固定細菌による固定窒素量は，細菌の種類や環境で大きく異なり，さまざまな報告例がある．表 6.3 に代表的な生物の固定窒素量を示した．固定窒素量は，作物においては一作期間中の測定例であり，飼料作物や木本植物は通年での測定例が多い．概して共生窒素固定生物の固定窒素量が大きく，また，単生窒素固定細菌ではシアノバクテリアの固定窒素量が大きいが，そのほかの単生窒素固定細菌の固定量は，共生のそれと比較してきわめて小さい値となっている．

6.3 根粒菌とマメ科植物の共生

6.3.1 根粒菌の分類と共生プロセス

根粒菌は α-プロテオバクテリアと β-プロテオバクテリアに属するグラム陰性細菌である．α-プロテオバクテリアには多くの属が根粒菌として登録されており，*Agrobacterium*, *Allorhizobium*, *Azorhizobium*, *Bradyrhizobium*, *Ensifer* (*Sinorhizobium*), *Mesorhizobium*, *Neorhizobium*, *Rhizobium*, *Devosia*, *Methylobacterium*, *Ochrobactrum*, *Phyllobacterium*, *Shinella* などが含まれている．β-プロテオバクテリアには，*Burkholderia*, *Cupriavidus* などが登録されている (Franche *et al.*, 2009)．従来，根粒菌はリゾビウムの慣用名で登録されてきたが，別属として登録された後に根粒形成機能が確認されて根粒菌として扱われるケースがあるため，さまざまな属名が混在している状況にあり，根粒菌の属種は今後

6.3 根粒菌とマメ科植物の共生

表 6.3 生物窒素固定の推定量（People *et al.*, 1995；Watanabe and Liu, 1992 より作成）

一般名	学名	固定窒素量 （kgN/ha）	測定期間
作物（Crop）			
インゲン　Common bean	*Phaseolus vulgaris*	0～125	一作
エンドウ　Pea	*Pisum sativum*	17～244	一作
キマメ　Pigeon pea	*Cajanus cajan*	7～235	一作
ソラマメ　Faba bean	*Vicia faba*	53～330	一作
ダイズ　Soybean	*Glycine max*	0～450	一作
ヒヨコマメ　Chickpea	*Cicer arietinum*	3～141	一作
ラッカセイ　Groundnut	*Arachis hypogaea*	37～206	一作
リョクトウ　Green gram	*Vigna radiata*	9～112	一作
飼料作物（Forage）			
アルファルファ　Alfalfa	*Medicago sativa*	90～386	通年
サイラトロ　Siratro	*Macroptilium atropurpureum*	15～167	通年
シロツメグサ　White clover	*Trifolium repens*	54～291	通年
木本植物（Tree）			
アカシア　Acacia	*Acacia holosericea*	3～6	6.5 月
ギンネム　Lead tree	*Leucaena leucocephala*	98～230	3～6 月
ハンノキ　Alder（Frankia）	*Alnus glutinosa*	50～150	通年
モクマオウ　Casuarina（Frankia）	*Casuarina equisetifolia*	9～440	6～12 月
緑肥・カバークロップ（Green manure/cover crop/etc.）			
クロタラリア　Sunn hemp	*Crotalaria juncea*	146～221	3.5～6.5 月
セスバニア　Sesbania	*Sesbania rostrata*	70～324	1.5～2 月
アゾラ　Azolla（Anabaena）	*Azolla* spp.	20～100	一作
地衣類　Lichen（Nostoc）		5～10	通年
単生窒素固定（Free-living）			
シアノバクテリア　Cyanobacteria		10～80	通年
その他単生窒素固定細菌　Other N fixer	*Azotobacter, Clostridium, Klebsiella*	<1 <10 for plant associatve	通年

　も増えていくものと考えられる．根粒菌とマメ科植物の共生は，微生物と植物の相互作用モデルの1つとされている．根粒菌の感染過程は，根毛感染，根の傷や隙間からの感染に大別される．表皮の割れ目から侵入し感染細胞に到達する感染にはセスバニアやラッカセイ，ニレ科パラスポニアなどがある．一般的にマメ科植物の根粒形成は根毛感染に代表され，ここでは根毛感染の共生関係成立までの概要を解説する．

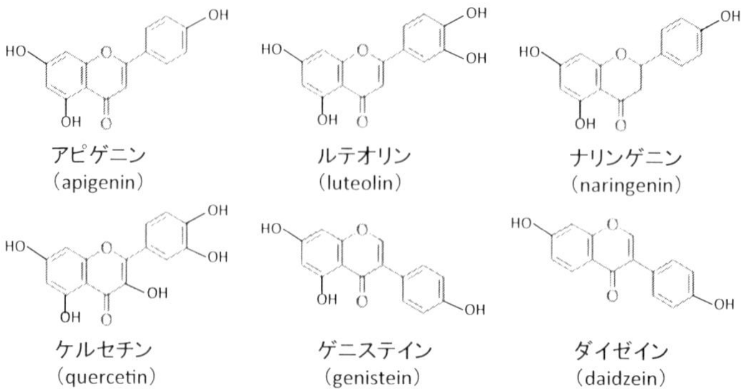

アピゲニン
(apigenin)

ルテオリン
(luteolin)

ナリンゲニン
(naringenin)

ケルセチン
(quercetin)

ゲニステイン
(genistein)

ダイゼイン
(daidzein)

図 6.6 根粒形成遺伝子の発現を誘導する主要なフラボノイド化合物の構造

　マメ科植物根から分泌される物質にフラボノイド化合物がある．多くの場合，フラボンもしくはイソフラボンを基本骨格とする物質である（図 6.6）．根粒菌は *nodD* 遺伝子を定常的に発現させて，宿主から分泌されるフラボノイド化合物を感知するための準備をしている．根粒菌はフラボノイド化合物を感知して根粒形成遺伝子群（*nod* genes）を発現させる．ここが宿主認識の第 1 段階であり，NodD レセプタータンパク質は，マメ科植物が分泌するフラボノイド化合物の構造の違いによって感知の度合いを異にする．たとえば，ルテオリン，アピゲニン，ナリンゲニンは複数種の根粒菌に対して共通の作用を示すが，ナリンゲニンはアルファルファ根粒菌の NodD レセプターには感知されない．イソフラボンのゲニステインやダイゼインはダイズ根粒菌に感知される．

　NodD レセプタータンパク質が，宿主植物のフラボノイド化合物を感知すると，nod box promoter 領域に作用し，根粒形成遺伝子群を発現させて，宿主認識の第 2 段階として宿主特異性を決定する Nod ファクター（Nod factor）を合成する．Nod ファクターは，*N*-アセチルグルコサミンのオリゴマーを基本骨格として，不飽和脂肪酸やメチル基，アセチル基，フコシル基などで修飾されることによって合成される（図 6.7）．Nod ファクター関連遺伝子である *nodA, nodB, nodC* 遺伝子は根粒菌が共通して有している遺伝子であり，*nodD* 遺伝子も含めて common *nod* genes とよばれている．NodC が *N*-アセチルグルコサミンのオリゴマー骨格を形成し，NodB がグルコサミン残基の脱アセチル化を行い，NodA がアミノ基にアシル基を結合させる．この基本骨格がさらに修飾され，修飾基の違いによっ

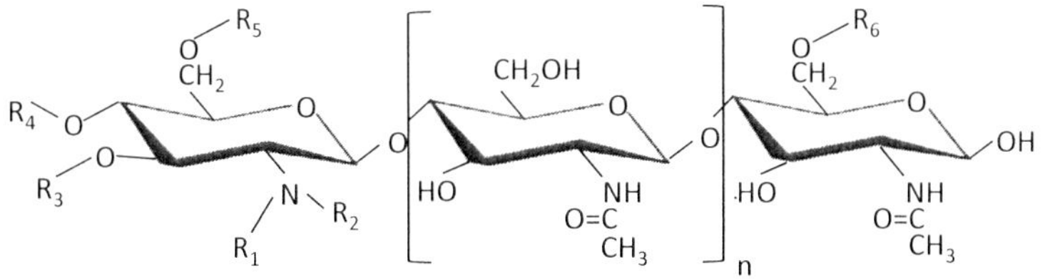

6.3 根粒菌とマメ科植物の共生　　　　　61

根粒菌株	R1	R2	R3	R4	R5	R6	n
Bradyrhizobium diazoefficiens USDA110	C18:1	H	H	H	H	2-O-Me-Fuc	3
Bradyrhizobium elkanii USDA61	C18:1,C16:0	Me, H	Cb, Ac	Cb, Ac, H	Cb, Ac, H	2-O-Me-Fuc, Fuc	2,3
Ensifer (Sinorhizobium) fredii USDA191	C16:0,C16:1, C18:0,C18:1	H	H	H	H	2-O-Me-Fuc, Fuc	1,2,3

図 6.7　ダイズ根粒菌の Nod ファクターの構造例
Ac：アセチル基, Cb：カルバモイル基, Fuc：フコシル基, Me：メチル基, H：水素.

て強固な宿主特異性を示す. 根粒菌の根粒形成遺伝子は多数確認されており, *nod, nol, noe, exo* などの遺伝子群は根粒形成に関与し, *nif, fix* 遺伝子群は窒素固定に必要である. 根粒菌の種類により, これらの遺伝子群が共生アイランド (symbiosis island) とよばれるゲノム上の特定の領域や, 共生プラスミド (symbiosis plasmid) とよばれる特定のプラスミドに集中して存在する.

　Nod ファクターの宿主側受容体は Nod ファクターレセプター (nod factor receptor：NFR) とよばれ, LysM 型レセプターキナーゼと考えられる. Nod ファクターが宿主根細胞の NFR で感知されると, 根毛の変形や皮層細胞の分裂が起こる. 根粒菌が根毛のカーリングによって根毛表面にトラップされると感染を開始する. 根粒菌が根毛内に侵入すると, 宿主植物は感染糸 (infection thread) とよばれる細胞壁に類似した構造の鞘状の通路を作って根粒菌を感染細胞まで導く. 感染細胞内に放出された根粒菌はペリバクテロイド膜 (peribacteroid membrane) に包まれ, シンビオソーム (symbiosome) が形成されて保護される. 根粒菌は細胞分裂能を著しく低下させて肥大化・異形化したバクテロイド (bacteroid) に分化し, ニトロゲナーゼを合成して窒素固定を開始する (図 6.8).

　一般的に植物は, 細胞に微生物が感染した場合, 異物と認識してエンドサイトーシスによって防御反応を示す. 根粒菌の感染も一種のエンドサイトーシスとみ

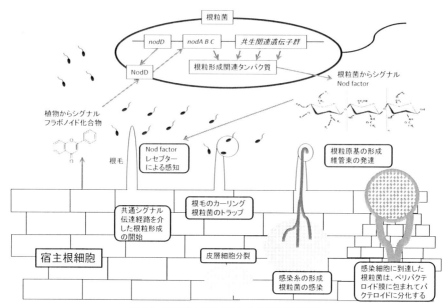

図 6.8　根粒菌の根毛感染による根粒形成過程

なされるが，宿主は根粒菌を膜で抱合しリンゴ酸などのエネルギーを供給し，さらには感染細胞の酸素分圧を下げるためにレグヘモグロビンの合成まで行って，バクテロイドが発現するニトロゲナーゼの失活を防ぐ．このように根粒菌は，あたかも膜に包まれた細胞内小器官として宿主細胞からエネルギーを受け取って窒素固定を行い，アンモニアを宿主に渡す．これは太古の昔にシアノバクテリアやグラム陰性細菌が真核生物に細胞内共生して，二重膜で隔離保護され，細胞内小器官である葉緑体やミトコンドリアとして現在に至った仕組みと似ている．このように根粒菌は，マメ科植物の根に感染して根粒組織を根に発達させる．

　マメ科植物種によって根粒形態は異なり，頂端分裂組織の有無によってアルファルファ，クローバー，エンドウなどの細長い根粒（無限伸育型）とダイズやササゲ，インゲン，ラッカセイ，ミヤコグサなどの丸い根粒（有限伸育型）に分類される（図 6.9）．マメ科植物の無限伸育型根粒およびアクチノリザル植物の根粒は根粒先端に分裂部をもち，細胞分裂と感染過程および窒素固定を同時に継続しながら伸長するため，窒素固定は中央部の成熟域で行われ，同時に先端部は共生

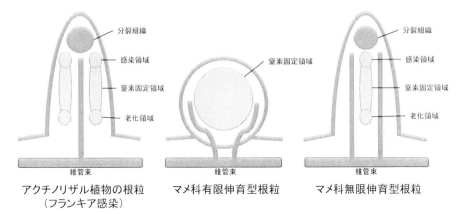

図 6.9　宿主による根粒構造の違い

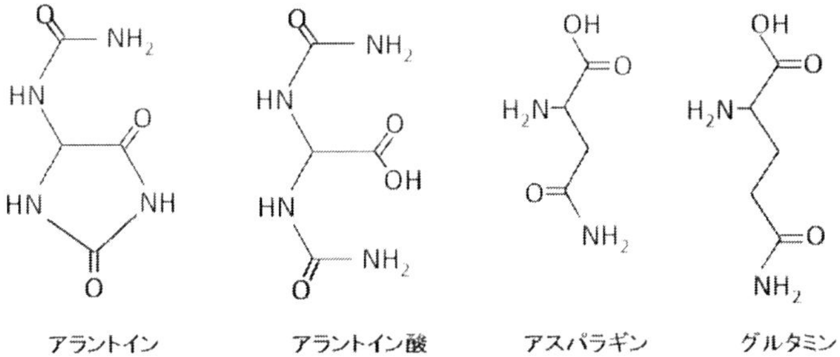

図 6.10　マメ科植物における固定窒素の転流形態

組織形成過程を進行し，基部は老化していく．マメ科植物の有限伸育型根粒は，明確な細胞分裂域をもたずに肥大成長する．成熟した根粒の中にはバクテロイドが存在する．根粒と根の中心柱との間には維管束系が発達しており，栄養共生として固定窒素と光合成産物の物々交換を行っている．共生窒素固定活性によって取り込まれた固定窒素はアンモニアとして宿主細胞へ供給され，転流物質へ同化されて地上部へ輸送される．転流物質の形態はマメ科の種類によって異なり，アルファルファ，エンドウ，クローバー，レンゲ，ミヤコグサなどはグルタミンやアスパラギンのアミド型に，ダイズやインゲンはアラントインやアラントイン酸のウレイド型に分けられる（図 6.10）．

　共生窒素固定は生物が常温常圧下で大気窒素をアンモニアとして獲得する優れ

た窒素獲得機構である.同時に光合成産物の20%以上もの多量のエネルギーを消費するため,マメ科植物はバクテロイドへ供給する光合成産物が過多にならないようにオートレギュレーション(autoregulation)とよばれる機構によって,着生根粒数を調節している.オートレギュレーション機構は地上部で調節されており,この機構を欠損している根粒超着生変異体は,多数の根粒を着生する.根粒超着生変異体は硝酸塩による根粒着生阻害を受けにくいため,土壌中に高濃度で窒素が存在しても根粒着生を行うが,エネルギーとしての光合成産物の供給と窒素固定能のバランスがとれずに植物が十分育たない.根粒超着生形質の原因遺伝子はミヤコグサやダイズで特定されている(川口,2003).

根粒菌のマメ科植物への感染は宿主特異性の高いプロセスであるが,近年,感染の初期過程で興味深いことがあきらかとなっている.根粒菌と共生関係を構築できないマメ科植物突然変異体の多くは,菌根菌との共生も構築できないことからさまざまな研究が行われ,根粒菌と菌根菌の感染初期に関与する共通シグナル伝達経路(common signaling pathway;もしくは共通共生伝達経路,common symbiosis pathway:CSP)の存在があきらかにされた(林他,2006;下田他,2011;図6.11).根粒菌はマメ科植物と宿主特異性の高い共生関係を結び,宿主に

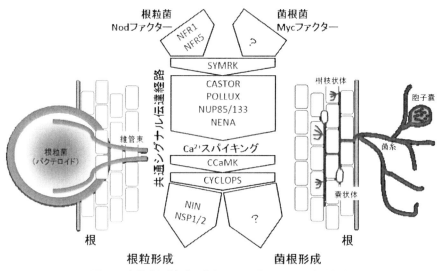

図6.11 根粒菌と菌根菌の共生における共通シグナル伝達経路

窒素を供給する．一方，菌根菌は多くの陸上植物と共生関係を結ぶことができ，宿主にリン酸を供給する．両元素とも植物にとって多量必須元素である．植物が共生細菌の感染初期段階で共通の遺伝子を作用させていることは，細菌と植物との共生進化および共生メカニズムの解明において重要なポイントであると考えられる．CSP の後方で発現する遺伝子も多数確認されており，複雑な共生過程解明のため，今後の進展が期待される（坂本，2015）．

　また，数種のマメ科植物と根粒菌との共生において，Nod ファクターと NFR による根毛感染経路とは別にⅢ型分泌系による感染経路が発見された（Okazaki *et al.*, 2013）．Ⅲ型分泌系はおもに植物体に病気をもたらす病原菌が保有していることが知られており，病原菌はⅢ型分泌系を経由して病原因子を植物体に打ち込んでいる．根粒菌もⅢ型分泌系を経由して根粒形成することがあきらかにされ，病原菌から共生菌への進化に至る過程の解明へつながる現象として注目されている．

6.3.2　根粒菌の生態

　ダイズ根粒とダイズ根圏における窒素循環モデルを図6.12に示した．根粒菌は，硝化を除くすべての窒素の形態変化にかかわっており，窒素循環に重要な役割を担っていることがわかる．ここでは，根粒菌のゲノム多型解析から近年あきらかになったダイズ根粒菌の生態的知見について解説する．

　土壌微生物を取り囲む環境因子はさまざまであるが，まず，気候や土壌の物理的・化学的性質からもたらされる環境が重要な影響を与える．土壌中で単生生活を営む根粒菌は腐生生活を送っていて，ほかの土壌微生物に対して優勢になることはなく，宿主への根粒形成を経て，10^6 cells/g soil 程度になり，その後，宿主への感染がないと徐々に減少していく．日本で分離されるダイズ根粒菌は従来からよく知られているもので，*Bradyrhizobium japonicum*, *Bradyrhizobium diazoefficiens*, *Bradyrhizobium elkanii*, *Ensifer fredii* の4種である．温帯地域では，*B. japonicum*, *B. diazoefficiens* がおもに分布し，亜熱帯・熱帯では *B. elkanii* 根粒菌がおもに分布している（Saeki *et al.*, 2013）．この現象は，国土の緯度が日本とほぼ一致する米国東部の土着ダイズ根粒菌でも確認される（Shiro *et al.*, 2013）．

　さらに気候帯の違いによる根粒菌群集構造の遷移は，標高による土着ダイズ根粒菌の群集構造解析や実験室レベルの研究でも認められていて，根粒形成遺伝子

第6章 有用微生物1―窒素固定細菌―

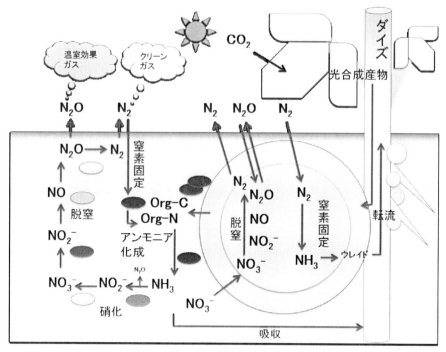

図6.12 土壌・ダイズ根圏の窒素循環モデル

の温度依存的発現との関連性が示されている (Risal *et al.*, 2010；Adhikari *et al.*, 2012). 土壌の理化学性とダイズ根粒菌との関係も示されている. たとえば, 土壌pHが弱酸性から中性付近までは*Bradyrhizobium*根粒菌が優占し, pH8付近になると*Ensifer*根粒菌が優占することが南西諸島のダイズ根粒菌群集の研究からあきらかにされている. *Ensifer*根粒菌の優占は乾燥・亜乾燥地帯の塩類集積アルカリ性土壌でも報告されており, 土壌pHと塩類集積との関連性が示されている (Suzuki *et al.*, 2008；Li *et al.*, 2011).

近年, 根粒菌の呼吸に関連した生態研究で興味深いことがあきらかになっている. 多くの細菌は酸素が十分に供給されない環境に置かれると嫌気呼吸を行う. 硝酸塩を基質として順次還元し, N_2まで還元する嫌気呼吸を硝酸呼吸とよび, 中間産物であるNO, N_2O, およびN_2の一部が大気中に揮散する. 土壌中の窒素が大気中に逸脱するため, 脱窒 (denitrification) ともよばれる. 根粒菌では*Brady-*

6.3 根粒菌とマメ科植物の共生

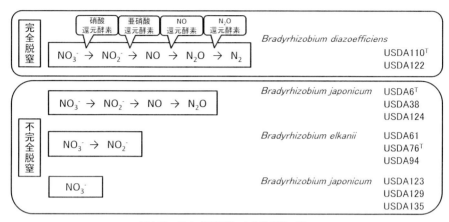

図 6.13 ダイズ根粒菌による脱窒能の違い

rhizobium の脱窒能がよく調べられており，その脱窒能は株によって異なっている（図 6.13）．脱窒の最終産物 N_2 まで還元する完全脱窒能を示す根粒菌と，脱窒活性を示さないものから N_2O までの不完全脱窒能を示す根粒菌に分類される．不完全脱窒能を示す根粒菌が優占する土壌のダイズ根圏からの N_2O 放出が観察されており，N_2O 放出に根粒菌や根圏に棲息する多くの生物が関与している（板倉他，2011）．

一方，完全脱窒能を有する根粒菌は，根粒内部に感染しながら，根粒周囲の N_2O を吸収して N_2 を放出する（Sameshima-Saito et al., 2006）．そのため完全脱窒能を有する根粒菌を多く感染させることが，ダイズ根圏から N_2O を発生させない有効な手段となる．実際に，完全脱窒能を有する根粒菌が高い根粒占有率を占めると，N_2O ガスの発生が抑制されることが圃場レベルで証明されている（Itakura et al., 2013）．そこで，完全脱窒能を有する根粒菌の優占化を促進する環境条件をあきらかにすることが環境保全型ダイズ栽培の鍵になる．水田利用などで一定期間還元状態に置かれた土壌では，完全脱窒能を示す根粒菌が優占化している現象が各地で認められる（Shiina et al., 2014）．実際に，人為的に湛水状態に置いた土壌における完全脱窒能を示す根粒菌の優占化が示されている（Saeki et al., 2017）．このように水田というアジアモンスーン地帯に特徴的な農業形態が，根粒菌群集構造に影響を及ぼしている．根粒菌の生態機能を利用して有用根粒菌を優占化させるなど，土壌管理による根粒菌群集構造の人為的コントロールの可能性が示さ

れている.

6.4 フランキアとアクチノリザル植物の共生

フランキア (*Frankia*) は植物の根に放線菌根 (actinorhiza) とよばれる根粒を形成し, 共生窒素固定を行う. 世界では8科23属, 約200種の植物が放線菌根を形成する. *Datisca* が草本である以外, アクチノリザル植物は木本である. 日本においてはハンノキ属, ヤマモモ属, グミ属, ドクウツギ属の植物がアクチノリザル植物として報告されている. アクチノリザル植物はフランキアとの共生によって大気窒素を獲得できるため, 植物養分の少ない荒地に生育するパイオニア植物して知られる. そのため, 荒廃地の緑化, 森林再生, 街路樹, 防風林などの樹種として植栽される.

フランキアは高GC含量グラム陽性細菌で, 放線菌 (アクチノバクテリア) の*Frankia* に属し, 大気レベルの酸素分圧下において単生で窒素固定することもできる. 一般に菌の生育はきわめて遅い. フランキアの特徴としては, 放線菌であるため繊維状の菌糸を形成し, さらに胞子嚢 (sporangium), 小胞体 (ベシクル) の3つのタイプの細胞に分化する点があげられる (図6.14). 胞子嚢は内部に胞子を含む. ベシクルは最も特徴的な細胞で, 脂質多重膜で覆われており, 酸素の透過を制限して内部を微好気的な環境に保ち, 内部のニトロゲナーゼを酸素から保護し窒素固定を可能にしている. 例外として, モクマオウの根粒は細胞壁のリグニン化やヘモグロビンタンパク質による酸素防御機構を有するため, ベシクル形

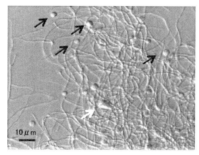

図6.14 フランキアの顕微鏡写真 (九町健一博士提供)
黒矢印:ベシクル, 白矢印:胞子嚢.

成は起こらない．アクチノリザル植物の根粒では，維管束が根粒の中心に1本だけ存在し，維管束が感染領域を包み込むように発達するマメ科植物の根粒との大きな相違点となっている（図6.9）．

フランキアは，16S rRNA 遺伝子や窒素固定にかかわる遺伝子（*nif* 遺伝子）などの分子系統解析の結果から，3つの Clade に分けられている（山中・岡部，2008；九町・椛，2016）．概要は以下の通りである．

Clade 1：カバノキ科ハンノキ属（*Alnus*），ヤマモモ科ヤマモモ属（*Myrica*），モクマオウ科モクマオウ属（*Casuarina*）およびアロカスアリナ属（*Allocasuarina*）の種に根粒形成する．Clade 1に含まれる株は，さらに2つの subclade（1a と 1b）に分類され，1a はハンノキ属とヤマモモ属に共生し，1b はモクマオウ科の2属に共生する．

Clade 2：ドクウツギ科ドクウツギ属（*Coriaria*），ナギナタソウ科ナギナタソウ属（*Datisca*），バラ科チョウノスケソウ属（*Dryas*），クロウメモドキ科セアノサス属（*Ceanothus*）に根粒を形成する．系統解析の結果から，このグループの菌の多様性は低く，同じ系統から発生したものと考えられるが，菌の分離が進んでおらず，現在のところ菌の分離例はごく限られている．

Clade 3：ヤマモモ科（*Myricaceae*），モクマオウ科ギムノストマ属（*Gymnostoma*）および，グミ科（*Elaeagnaceae*），クロウメモドキ科（*Rhamnaceae*）に根粒を形成する．

さまざまな樹木において認められるフランキア–木本植物共生系の共生進化について，フランキアの分子系統と，宿主植物の葉緑体 DNA にある *rbcL* 遺伝子に関して分析が行われた．その結果，さまざまな種においてみられるフランキア–木本植物共生系は，共通する1つの祖先種から分散進化したのではなく，複数の起源に由来していると推察されている．

根粒菌が根粒を形成するマメ科植物とフランキアが根粒を形成するアクチノリザル植物は近縁であり，バラ亜綱 Rosid I clade に属する．マメ科植物で Nod ファクターのシグナル伝達にかかわる共通シグナル伝達経路（CSP）の一部の遺伝子はアクチノリザル植物にも確認されていて，フランキアとの共生に必須である．フランキアの宿主への根毛感染は，マメ科植物への根粒菌の感染様式と類似しており，根毛感染や表皮細胞間隙からの感染が認められている．根毛感染の場合，宿主由来の感染糸を利用して宿主細胞内部に侵入するのも共通である．また，細

胞間隙からの感染の場合，根毛の変化や感染糸形成は起こらず細胞間隙を通じて根粒原基に到達する．

　しかしながら，フランキアとアクチノリザル植物が互いの共生相手を識別する仕組みはよくわかっていない．フランキアゲノムが決定され，根粒菌の nod ABC の相同遺伝子の探索が行われたが，nod-like 遺伝子はゲノム上に散らばっており，根粒菌の共生アイランドのようなクラスターを形成していない．また，nod-like 遺伝子でも，nod 遺伝子との相同性は低い．これらのことからフランキアの共生のキーファクターは Nod ファクターとは異なると考えられている（九町，2013）．フランキアとアクチノリザル植物の共生メカニズムの解明については，宿主植物が樹木であるため生育が遅いこと，さらにフランキアの形質転換法が確立していないことが大きな障壁となっている．

6.5　シアノバクテリアと植物との共生

　シアノバクテリアは，裸子植物のソテツや被子植物のグンネラに根粒を形成して窒素固定を行うシアノバクテリア（Nostoc），シダ類のアカウキクサ（Azolla）に共生するシアノバクテリア（Anabaena），さらに菌類である地衣類やコケ植物である蘚苔類と共生して窒素固定を行うもの（Nostoc）が知られる．これらは酸素防御機構としてヘテロシストを形成して窒素固定を行う．ヘテロシストを形成するシアノバクテリアは，ネンジュモ目（Nostocales）に属し，Nostoc と Anabaena が登録されている．グンネラは約40種が知られる被子植物で，共生するシアノバクテリアは Nostoc punctiforme に限定される．葉柄基部に侵入し運動性のあるホルモゴニア（hormogonia）に分化して共生部位へたどり着き，ヘテロシストに分化して細胞内共生窒素固定を行う．これは被子植物の葉柄基部で細胞内共生を行う唯一の共生形態とされる．

　裸子植物で共生窒素固定を行うソテツは9属90種が知られる．共生するシアノバクテリアは Nostoc であり，ホルモゴニアを経て感染すると，サンゴ根とよばれる特徴的な根を形成する．感染過程はあきらかとなっていないが，この Nostoc の感染は細胞外共生であり，細胞間隙にヘテロシストを形成して窒素固定を行う．シアノバクテリアの感染領域周辺の皮層細胞には多量のフェノール化合物が認められ，ほかの生物の感染領域への侵入を防いでいると考えられている．

図6.15 水田を覆うオオアカウキクサ（山岸主門博士提供）

　水生シダ類のアカウキクサ（*Azolla*）は水田や湖沼の水面に浮かぶ浮遊植物であり，5種が知られている（渡辺，2006；図6.15）．上葉に小孔（cavity）があり，そこでシアノバクテリアの一種アナベナ（*Anabaena azollae*）がヘテロシストに分化し，細胞外共生窒素固定を行っている．アナベナはホルモゴニアを形成しない点で *Nostoc* と区別される．アナベナはアカウキクサの胞子嚢内に棲息して次世代に引き継がれるため，アカウキクサの生活環のすべてに存在し，植物−微生物共生体の中で宿主の生活環のすべてに存在する唯一の共生体である．アカウキクサとシアノバクテリアの共生窒素固定は活性が高く，水田稲作の盛んな熱帯地域では，アカウキクサを水田土壌に鋤き込んで緑肥として利用している．

6.6　単生（非共生）窒素固定細菌

　単生（非共生）窒素固定細菌の捉え方はさまざまであるが，ここでは植物と厳密に細胞内外で共生関係を構築して窒素固定を行う細菌以外をすべて単生窒素固定細菌と捉えることにする．

　土壌においてシアノバクテリアと *Clostridium* が単独で窒素固定を行う代表的な単生窒素固定細菌と考えられている．窒素固定を示すシアノバクテリアには，ヘテロシスト形成シアノバクテリア（*Anabaena, Nostoc* など）だけでなく，いくつかの非ヘテロシスト単細胞性シアノバクテリア（*Aphanothece, Gloeocapsa* など）とフィラメント性シアノバクテリア（*Oscillatoria, Plectonema* など）が存在する．多くの単生窒素固定シアノバクテリアは窒素固定と光合成を行い，有機炭素やエネルギー源を他生物に依存しないため，地球上の至るところで確認される．

Clostridium は，偏性嫌気性菌であり多くの場合水田土壌から検出される．稲わらなどの炭素源を供給して *Clostridium* を接種し嫌気的環境に置くと窒素固定を行うため，水稲の収量増加が認められている．単独で窒素固定を行う窒素固定細菌のほか，多くの単生窒素固定細菌は植物の根や根圏でコロニーを形成し窒素固定を行う細菌であり，植物生育促進効果（plant growth promotion effect）を示す多数の種が確認されている．植物と窒素固定細菌が何らかの関係をもちつつ窒素固定を行う細菌は，植物と緩い共生関係にある細菌（plant associative bacteria）と称される．

Azotobacter は，サトウキビ，トウモロコシ，コムギ，イネなどの根圏に棲息して窒素固定を行う好気的窒素固定細菌としてよく知られる．また，イネ根圏からは *Klebsiella, Enterobacter, Citrobacter, Pseudomonas* がしばしば検出される．トウモロコシ根圏からは，*Enterobacter, Rahnella, Paenibacillus, Azospirillum, Herbaspirillum, Bacillus,* および *Klebsiella* が検出される．

さらには，植物の根や地上部の細胞間隙に侵入して窒素固定を行う細菌においては根圏で窒素固定を行う plant associative bacteria と区別して，窒素固定エンドファイト（endophytic bacteria）と称される．*Acetobacter diazotrophicus* は高い濃度の糖を必要とし，サトウキビの窒素固定エンドファイトとして知られる．*Azospirillum* はさまざまな植物根圏またはエンドファイトとして植物体内から検出される微好気性窒素固定細菌である．マメ科植物と厳密な共生関係を築くリゾビウムもマメ科以外の植物内部に侵入して窒素固定を行うエンドファイトとして検出される．植物とかかわり合いをもちながら窒素固定を行う細菌は厳密な宿主特異性を示さないため，コムギやイネ，サトウキビなどへの接種菌としての利用が研究されていて，しばしば収量増加や化学肥料の削減につながることが報告されている（Kennedy *et al.*, 2004；表 6.4）．

植物根圏や植物内に棲息して植物と緩い共生関係を保ちながら窒素固定を行う細菌は，植物からの有機物をエネルギー源として受け取りながら窒素固定を行うと考えられ，エネルギーを自分で賄う必要がないため，その固定窒素量は *Clostridium* などの単独で窒素固定を行う細菌と比較して，大きく見積もられている．

表 6.4 植物生育促進効果が期待されるおもな単生窒素固定細菌の種類（Kennedy *et al.* より作成）

分類	窒素固定細菌	窒素固定環境	棲息域	植物	効果
α-プロテオバクテリア	*Azotobacter* spp.	好気的	根圏	サトウキビ、トウモロコシ、コムギ、イネ、ワタ	生物窒素固定
	Azospirillum spp.	微好気的	根圏	サトウキビ、トウモロコシ、コムギ、イネ、ワタ	生物窒素固定 植物生育促進
	Acetobacter diazotrophicus	微好気的	エンドファイト	サトウキビ、サツマイモ	生物窒素固定
	Azorhizobium caulinodans	微好気的	エンドファイト	コムギ、トウモロコシ	植物生育促進
	Rhizobium spp.	微好気的	エンドファイト	イネ、トウモロコシ	植物生育促進
β-プロテオバクテリア	*Azoarcus* sp.	微好気的	エンドファイト	イネ	生物窒素固定
	Burkholderia spp.	微好気的	根圏 エンドファイト	イネ、サトウキビ、トウモロコシ	生物窒素固定 植物生育促進
	Herbaspirillum seropedicae	微好気的	エンドファイト 根圏	サトウキビ、イネ、トウモロコシ、ソルガム、コムギ	生物窒素固定 植物生育促進
γ-プロテオバクテリア	*Enterobacteriaceae* *Klebsiella* *Enterobacter* *Citrobacter* *Pseudomonas*	微好気的	根圏	イネ、トウモロコシ、コムギ	生物窒素固定 植物生育促進
ファーミキューテス	*Clostridium* spp.	嫌気的		イネ、コムギ	生物窒素固定
	Bacillus spp.	微好気的	根圏	トウモロコシ、コムギ	生物窒素固定 植物生育促進

6.7 生物的窒素固定の応用に向けて

　これまで述べてきた生物的窒素固定はさまざまな場面で応用されている．身近に生物的窒素固定の利用をみられるのは，アクチノリザル植物による緑化や春の田に咲き乱れるゲンゲ（レンゲ）である．ゲンゲは水田の代かき前に緑肥として土壌に鋤き込まれる．これは，根粒菌との共生窒素固定を緑肥窒素として活用したもので，鋤き込み量によるが基肥窒素をおおむね20～40 kg/ha削減できる．また，ダイズでは，窒素固定能の高い有用根粒菌を接種し，有用根粒菌による根粒占有率を50％以上にあげた例では10～20％の収量増加が示されている．しかし，土壌中で窒素固定能の低い根粒菌が優占化していると，有用根粒菌を人工的に接種しても接種効率があがらない場合も多く，効率のよい農業技術として有用根粒菌を活用する技術開発が望まれている．同様に単生窒素固定細菌の農業利用の研究も進められていて，圃場試験において，水稲で0.9 t/ha，トウモロコシで1.5 t/ha，サトウキビで5～9 t/haもの収量増加が示されている．

　生物窒素固定能を有効に農業技術として活用できれば，多量の化石燃料を必要とする工業窒素固定による化学窒素肥料の削減，さらに地下水汚染や富栄養化などの環境負荷の軽減も期待できる．そのためには自然界における窒素固定細菌の生理的機能と生態的特性を解明していくとともに，さまざまな手法を駆使して *in vitro*, *in vivo* だけでなく *in situ* な視点で自然界のエコシステムを解き明かすことが重要である．現在でも世界中で多くの研究者が，さまざまな窒素固定細菌の生態研究を進めていて，近い将来，自然環境変化や農業管理による土壌環境因子の変動と細菌の生理的機能・生態的特性の関係も解明されるであろう．微生物生態の解明は，菌株特有の生理的・生態的特徴を活用した宿主への感染や微生物群集構造のコントロールを可能にするものと考えられる．このことは，実際のフィールドにおいて遺伝子組換え体ではなく，有用微生物の野生株を土壌や根圏に定着させる技術や接種資材の開発につながり，結果として，持続的農業技術や環境保全技術の発展に寄与するものと期待される．

佐伯雄一

7

有用微生物 2 ―リン吸収促進微生物―

　植物の多量必須元素の 1 つであるリンは，植物体には 0.2% 程度，土壌中には 0.05% 程度含まれているが，土壌中のリンの多くは植物が吸収できない難溶化した形態で存在し，また農耕地に施肥されたリンの多くも難溶化し，作物による利用率は 5〜15% ほどである．そのため一般にリンは，農耕地において肥料として作物が必要とする量よりはるかに多く施され，肥料の三要素の 1 つとなっている．

　土壌中で難溶化したリンには無機態のものと有機態のものがあり，その存在割合は土壌によって大きく異なる．施肥などにより土壌に添加されたリン酸は，酸性から中性の土壌ではアルミニウムや鉄に吸着して難溶化しやすく，アルカリ性の土壌では難溶性のカルシウム塩になりやすいとされ，これらの現象は一般にリン酸固定とよばれる．また，有機態リンの多くはフィチン酸として難溶化する．

　リン肥料はリン鉱石より作られるが，リン鉱石は世界的に偏在しており，採掘できる国は中国，米国，モロッコ，ロシア，チュニジアなどに限られ，日本はその全量を輸入している．またリン鉱石は将来的には枯渇することが懸念されており，現在でも良質のものが得にくくなり，肥料価格の高騰につながっている．

　このようにリン資源は枯渇が懸念され，農耕地における施肥リンの利用率も低いため，その利用率を上げることや難溶化したものを利用できるようにするために土壌微生物の能力を活用することが望まれる．本章では，作物のリン吸収を促進する微生物として菌根菌とリン溶解菌を紹介する．

7.1 菌 根 菌

　菌根菌（mycorrhizal fungi）とは，植物の根に感染し，菌根（mycorrhiza）を形成して植物と共生関係を結ぶ糸状菌のことであり，外生菌根菌（ectomycorrhizal fungi），内外生菌根菌（ectendomycorrhizal fungi），アーバスキュラー菌根菌

(arbuscular mycorrhizal fungi), アーブトイド菌根菌 (arbutoid mycorrhizal fungi), モノトロポイド菌根菌 (monotropoid mycorrhizal fungi), エリコイド菌根菌 (ericoid mycorrhizal fungi), ラン型菌根菌 (orchid mycorrhizal fungi) に分けられる. 菌根菌は, 陸上植物の92%以上の科, 80%以上の種において植物と共生関係を結ぶと報告されている (Smith and Read, 2008).

このうちアーバスキュラー菌根菌は, アブラナ科, アカザ科, タデ科などを除く多くの植物に感染するとされ, 根外に長く伸ばした外生菌糸より養分を吸収して宿主植物に渡し, その生育を助けることが知られている. アーバスキュラー菌根菌によって吸収される養分元素としてこれまでに, 窒素, リン, カリウム, カルシウム, マグネシウム, イオウ, 鉄, 銅, 亜鉛, 塩素が報告されている. この中でも土壌中での移行性が悪いリンの吸収促進が顕著であることが多く, たくさんの報告がなされている. また, アーバスキュラー菌根菌の感染による作物の耐乾性, 耐湿性, 耐塩性, 耐病性, 重金属耐性, 高温・低温耐性の獲得が報告されている. このように農業上も有用な性質を有するため, 1996年に政令指定微生物資材として指定され, 複数のメーカーにより農業用資材として製造, 販売されるようになった. しかし, アーバスキュラー菌根菌を純粋培養することができず, 植物を共存させないと増殖ができないため, 製造費が大きくかかり, 販売価格が高くなっている. このようなことが原因の1つとなり, 販売量が伸びず, 近年生産量は減少している (大場・小島, 2006；齋藤, 2014).

アーバスキュラー菌根菌は, 植物の根に感染し, 皮層細胞に侵入して樹枝状体 (アーバスキュル, arbuscule；図7.1) とよばれる特徴的な器官を形成することがその名の由来である. この樹枝状体において, 外生菌糸が根外から集めてきたリンなどの養分を宿主植物に渡し, 代わりに宿主植物の光合成産物を受け取るという共生関係を成立させている. アーバスキュラー菌根菌の中には, この樹枝状体とは別にもう1つの特徴的な器官である囊状体 (ベシクル, vesicle) を細胞間隙に形成し, その中に脂質をためるものがある. この2つの特徴的な器官を作るということから, 当初はそれらの頭文字をとってVA菌根菌とよばれていたが, 囊状体を形成しないものもあるため, 近年はアーバスキュラー菌根菌と総称されるようになっている. なお, 政令指定されたものは「VA菌根菌資材」とされる.

アーバスキュラー菌根菌は, 比較的大きな胞子を形成する種が多く, 土壌中より比較的簡単に単離することができる (図7.2). これまでこの胞子の形状などに

7.2 リン溶解菌

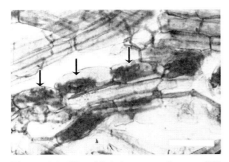 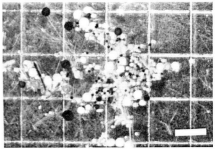

図 7.1 ダイズ根に感染したアーバスキュラー菌根菌の樹枝状体（矢印；樫原弘典氏提供）トリパンブルー染色．縮尺は 70 μm（口絵参照）．

図 7.2 ダイズ畑より分離されたアーバスキュラー菌根菌の胞子（樫原弘典氏提供）夾雑物を含む．縮尺は 1.5 mm（口絵参照）．

よりアーバスキュラー菌根菌の同定が行われ約 150 種に分類されてきたが，1990 年代よりリボソーム RNA 遺伝子領域中のスモールサブユニット（SSU rRNA），ラージサブユニット（LSU rRNA），およびその間のスペーサー領域（ITS 領域）の塩基配列を DNA マーカーとしてアーバスキュラー菌根菌を同定する報告がみられるようになり，今日でもこれらはよく用いられている．中でも SSU rRNA を用いた報告が最も多いが，これらは生態学的な研究で用いられることが多く，LSU rRNA および ITS 領域が分類学的な研究によく用いられている（大場・大和，2007）．

菌根菌と同様に宿主植物と共生関係を結ぶ根粒菌とマメ科植物の場合，たとえばダイズ根粒菌はダイズに，エンドウ根粒菌はエンドウに感染して共生関係を結ぶという宿主特異性が比較的はっきりと認められるが，アーバスキュラー菌根菌は宿主特異性を示さず，1 つの種が多くの植物種に感染して共生関係を示すことが知られている．

7.2 リン溶解菌

土壌中で難溶化した無機態のリンを可溶化する微生物は一般的にリン溶解菌（phosphate-solubilizing microorganisms）とよばれ，有機酸生成菌，硫黄細菌（硫黄酸化細菌），硫酸塩還元菌が含まれる．このうち有機酸生成菌をここではキレート能をもつ有機酸を分泌する微生物と定義する．難溶化した無機態リンがそのキ

レート作用により可溶化される．分泌される有機酸としては，クエン酸，グルコン酸，乳酸，アスパラギン酸，コハク酸，シュウ酸，イタコン酸，マロン酸，2-ケトグルコン酸，酒石酸などの報告がある．有機酸生成菌は，難溶化した無機態リンの溶解菌として一般的なものであり，多くの土壌から分離されている．細菌では *Arthrobacter*, *Bacillus*, *Pseudomonas*, *Escherichia*, *Actinomyces*, *Streptomyces* など，糸状菌では *Aspergillus*, *Penicillium* などで報告がある．近年根粒菌である *Bradyrhizobium* や *Rhizobium* に属する細菌のリン溶解性も報告されており，窒素固定とリン溶解の2つの能力をあわせて活用することが農業上期待される．硫黄細菌は，硫黄または無機硫黄化合物を酸化して得られるエネルギーを利用して生育する細菌の総称であるが，このとき生じる硫酸イオンが無機態の難溶性リンを可溶化する．硫酸還元菌は，嫌気条件下で硫酸イオンを電子受容体として，有機物や水素を酸化し得られるエネルギーを利用して生育する細菌の総称であるが，このとき生じる硫化水素がリンの可溶化を促進する（西尾・木村，1986）．

　前述のように土壌中で難溶化している有機態リンの多くはフィチン酸であり，その分解酵素フィターゼを分泌する微生物の研究が行われてきている．その結果，土壌に棲息する糸状菌の多くがフィターゼ生産能をもつことが報告されている．

▨ 7.3　応 用 例

　アーバスキュラー菌根菌は農耕地に広く分布しているが，多施肥にともない作物体中のリン濃度が高まると感染が抑制され，増殖が減少して，菌密度が低下することが知られている．したがって，多施肥が行われた圃場ではアーバスキュラー菌根菌によるリン吸収の促進などの作物生育促進効果を期待しにくい．また，前述のように，多くのアーバスキュラー菌根菌種が存在するが，その各々が各種作物に及ぼす影響は多様であり，種内においてもその機能性に違いがあることが報告されている．アーバスキュラー菌根菌の宿主作物に対する接種試験を行うと，その組み合わせによっては宿主の生育に対して負のはたらきを示す菌種，系統も存在することが知られている．一般に，圃場では複数のアーバスキュラー菌根菌種が1つの作物に感染しており，4菌種を接種した実験ではわずか1cmの根の断片中に4種すべてが感染していた例も報告されている（van Tuinen *et al.*, 1998）．したがって，当該の作物に対して生育促進効果があるアーバスキュラー菌根菌が

多く感染して，宿主作物に対してより高い生育促進を与えるような圃場環境であることが望ましい．そのため，作物に対する効果が高い菌種，菌株を選抜し，それらを用いたVA菌根菌資材が開発され，おもに苗床に施用する方法で一部生産者に利用されている．一般に根系の発達がほかの作物よりも劣るネギ，タマネギなどに対する接種効果がほかの作物に比べて高い．また，法面緑化資材としてもアーバスキュラー菌根菌は利用されてきた．近年では，緑化が困難な強酸性法面に耐酸性アーバスキュラー菌根菌資材を用いた緑化法が開発されている（堀江他，2016）．

　一方，接種の形をとるのではなく，もともと圃場に棲息している土着のアーバスキュラー菌根菌の機能を利用し，リン酸減肥につなげようとする技術も開発された．前述のようにアーバスキュラー菌根菌の宿主となる作物とならない作物が存在するが，宿主となる作物を作付体系の中にうまく位置付け，圃場のアーバスキュラー菌根菌密度が下がらないようにコントロールして成し得たものである（唐澤，2004）．

　近代農業において化学資材の多投により食料を効率的に増産してきたのと引き換えに，周辺環境への負荷を高めていることが懸念され，環境と調和した農業が望まれている．このような背景のもと，自然栽培，自然農（法），無施肥栽培などとよばれる肥料などを施与しない農業が注目され，試みられつつある．施肥を行わず作物の養分吸収を確保するためには，土壌がもつ潜在的な養分供給能を大きく引き出していることが推察され，アーバスキュラー菌根菌の寄与も大きいものと考えらえる．この点に注目し，無施肥，不耕起，無除草を自然栽培と定義した研究が行われ，慣行栽培に比べてトウモロコシ，ダイズ，キヌサヤエンドウでアーバスキュラー菌根菌の感染率が有意に高まる例も報告されている（森他，2016）．

　草地生態系ではリンが制限因子になるとされる．日本の草地土壌の多くはリン酸固定力が強く，有効態リン酸が少ない火山性の黒ボク土壌に立地しているため，上述のアーバスキュラー菌根菌やリン溶解菌の能力を活用することが望まれる．一般的に，草地土壌では畑地土壌と比べてアーバスキュラー菌根菌の棲息密度や多様性が高いことが知られている．また，草地土壌におけるアーバスキュラー菌根菌の感染や多様性が，施肥，とくにリン施肥によって減少すること，リン施肥と無施肥の条件では属レベルにおいてアーバスキュラー菌根菌の構成が異なることが報告されている（斎藤，1999；小島他，2009）．　　　　　　　　　　　礒井俊行

8

有用微生物 3 ―植物生育促進根圏微生物―

　根圏微生物には，根粒菌や菌根菌以外にも，植物の生育促進に関与するものがある．植物の生育調節には，既知の植物ホルモンを生合成することで植物の表現形質を変化させる微生物や，重金属汚染，高塩濃度，乾燥や鉄欠乏といった非生物的ストレス環境下でストレス耐性を付与する微生物，植物病原菌の感染などの生物的ストレスに対して病害抵抗性を誘導する生理活性物質を分泌する微生物などがあげられる．本章では植物の生育を促進する有用な根圏微生物を，各々の機能に関与する生理活性物質の構造とともに紹介する．

8.1　植物生育促進のメカニズム

8.1.1　植物ホルモン生合成による植物生育調節
　植物は自身の生育調節に関与する植物ホルモンと総称される種々の生理活性物質を生合成することが知られているが，根圏微生物の中には，植物ホルモンを生合成し，植物の生育を調節するものがある．
a. オーキシン
　オーキシン（auxin）は植物の伸長生長を促す植物ホルモンであり，インドール-3-酢酸（indole-3-acetic acid：IAA；図8.1）が代表的な生理活性物質として知ら

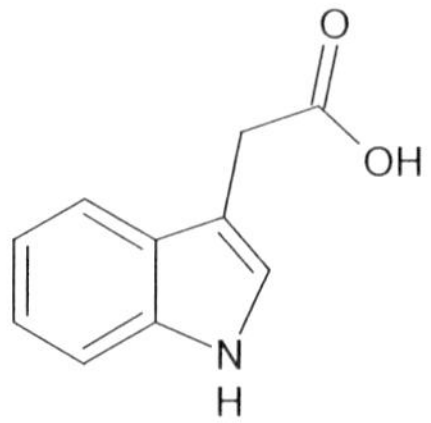

図8.1　インドール-3-酢酸

れている.オーキシン生合成能を示す微生物は細菌から糸状菌まで広範にわたり,植物自体ではなく,微生物が生産した（外因性）IAA は主根や側根の伸長および根毛の形成を促進する一方,過剰な処理濃度では主根の伸長を阻害する（Davies, 1995）.

IAA を分泌する *Bacillus* の分離菌株はジャガイモの種イモに浸せき処理することで,草丈と根長を増加させる（Ahmed and Hasnain, 2010）.

非共生窒素固定細菌として知られる *Azospirillum* の菌株は IAA 生合成経路を少なくとも 3 種類保有している（Lambrecht *et al.*, 2000）.*Azospirillum* の IAA 生合成は外因性の IAA 濃度により正の制御を受ける.そして IAA を感知した植物はその根量を増加させ,養分吸収量を向上させることで生育量を増加させる.一方で,根圏の根酸による低 pH 環境や根からの炭素源の供給は *Azospirillum* の生育条件を最適にすることから,IAA を介した植物–根圏細菌間の相互作用が存在する.

b. ジベレリン

ジベレリン（gibberellin；図 8.2）は,植物の伸長生長を促すほか,種子の発芽促進効果を示す植物ホルモンであり,イネばか苗病の病原菌 *Gibberella fujikuroi* が分泌する病原毒素として発見された.ジベレリンおよびその類縁体を分泌する微生物には,糸状菌以外に細菌類も複数種存在する.これらの微生物群がジベレリンを生合成する生物学的な意味は不明な点が多い.

ジベレリンおよびその類縁体を分泌する *Sphingomonas* の分離菌株をトマトに処理することで,地上部および地下部の生育量が向上する（Khan *et al.*, 2014）.

c. サイトカイニン

サイトカイニン（cytokinin；図 8.3）は植物の細胞分裂や維管束組織などの形

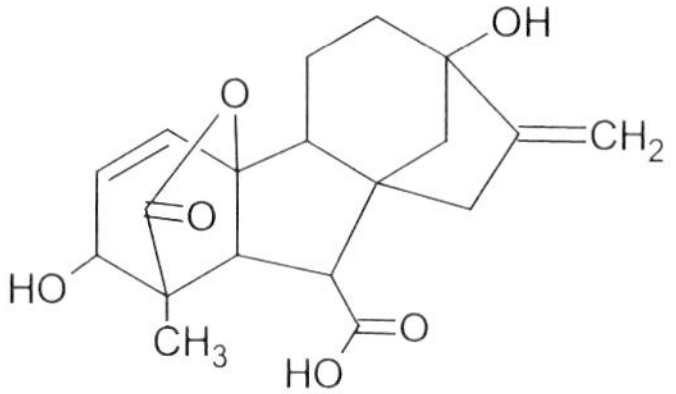

図 8.2 ジベレリン
代表例としてジベレリン A3 を示す.

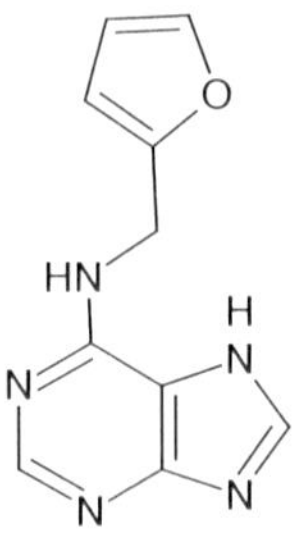

図8.3 サイトカイニン
代表例としてカイネチンを示す.

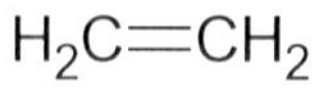

$$H_2C = CH_2$$

図8.4 エチレン

態形成，根の伸長阻害などの作用を示す植物ホルモンである．サイトカイニンを分泌する *Bacillus* 菌株がコノテガシワの耐乾性を向上させる（Liu *et al.*, 2013）．本菌株のコノテガシワ苗への処理は，水十分の環境下ではコノテガシワの生育に変化を及ぼさないが，乾燥条件下において葉の水ポテンシャル（水が移動するための駆動力）を向上させることで地上部生育量を増加させる．

d. エチレン

エチレン（ethylene；図8.4）は植物の生育阻害や花芽形成の制御，果実の成熟に関与する植物ホルモンとして知られている．植物体内では，メチオニンから1-アミノシクロプロパン-1-カルボン酸（1-aminocyclopropane-1-carboxylic acid：ACC）を介してエチレンが生合成される．植物は低温や乾燥，病原菌の感染，重金属汚染などの環境ストレスに対して ACC を生合成する（Glick, 2012）．マメ科植物においては，ストレス環境下においてエチレン合成量が増加すると根伸長や窒素固定が停止し，不稔となる（Glick, 2014）．エチレンの生合成前駆物質である ACC を分解する ACC デアミナーゼ生産性を示す根圏微生物がリョクトウの耐塩性の向上へ関与する（Ahmad *et al.*, 2013）．

8.1.2 非生物的ストレス耐性

a. 重金属汚染耐性

根圏細菌の一部は，オオムギにカドミウム耐性をもたらす（Pishchik *et al.*, 2002）．効果が認められた *Arthrobacter*, *Flavobacterium*, *Klebsiella* の3菌株は，各々，オオムギの根面に定着能を示す．とくに効果の高い *Klebsiella* 菌株は，5 mgCd/kg dried soil のカドミウム汚染土壌においてオオムギの生育と収量を向上

させ，オオムギ穀粒中のカドミウム濃度を減少させる．オオムギにカドミウム耐性をもたらす3菌株は，いずれも菌体へのカドミウムの固定能を示すことから，これらの菌株はオオムギに作用してその生理を変えるのではなく，オオムギに吸収されるべくカドミウムを根圏で固定することでオオムギのカドミウム吸収量を削減する．

b. 乾燥耐性

リョクトウ根圏より分離された *Pseudomonas* の菌株がリョクトウに乾燥耐性をもたらす（Sarma and Saikia, 2014）．本菌株はリョクトウ種子に接種処理することで発芽率を向上させ，根および地上部の生育量を上昇させた．本菌株によるリョクトウ生育促進効果は非乾燥ストレス環境においても認められたが，乾燥ストレス環境下では，リョクトウの活性酸素種除去酵素群の遺伝子発現量や浸透圧調整物質量を向上させる効果があり，これらがリョクトウの水分含量維持や乾燥ストレスの軽減に関与する．

また，*Burkholderia* の分離菌株がコムギに耐乾性をもたらすことも知られている（Naveed *et al.*, 2014）．本菌は，前述の *Pseudomonas* 菌株のリョクトウに対する効果と同様に，活性酸素種消去系に関与する酵素群の活性を上昇させ，浸透圧調整物質量を向上させたほかに，気孔を閉じさせ，コムギの水分蒸散量を低下させる効果も認められた．

c. 耐塩性

Bacillus の分離菌株はトウモロコシの耐塩性を向上させる（Marulanda *et al.*, 2010）．本菌株を処理したトウモロコシは，水分子のみを選択的に透過させる細胞膜水チャネルであるアクアポリンの発現量を向上させ，土壌から葉への水の通導性を表し，吸水能力の指標となる根通導コンダクタンスを向上させる．また，*Rhizobium* と *Pseudomonas* の分離菌株はリョクトウに対して，各々単独では効果が認められないが，ともに処理することで耐塩性を向上させる（Ahmad *et al.*, 2013）．

8.1.3 シデロフォア

鉄は植物の微量必須元素の中で最も多量に必要とされる元素である．土壌中に鉄は多く存在するが，そのほとんどは不溶性の Fe (III) の状態で存在するため，そのままでは植物は利用できない．根圏微生物の中には鉄キレーターであるシデ

ロフォアを分泌し，植物の鉄吸収を促進するものが存在する．シデロフォアは，鉄キレート活性を示す分子量 400〜1500 Da 程度の低分子有機化合物の総称であり，細菌や糸状菌に分泌性を示す菌株が分離されている．

インゲンマメの根粒から分離され，シデロフォア生産性を示す *Phyllobacterium* の菌株は，イチゴの根面に定着性を示し，本菌株を処理したイチゴ果実の収量を向上させ，さらに果実中のビタミン C 含量を増加させる（Flores-Félix *et al.*, 2015）．

8.1.4　植物の病害抵抗性誘導による植物病害抑制

植物病害に対して生物防除活性を示す根圏微生物が存在する．これらの微生物が生産する生理活性物質の中には，前述の植物の生育や形態などに変化をもたらす分子以外に，植物の病害抵抗性を誘導する分子が見出されている．ここでは植物の病害抵抗性を誘導し，植物病害の発生を抑制することでその生育を維持する微生物とメカニズムをあげる．

a．揮発性化合物

Bacillus や *Pseudomonas*，*Serratia*，*Arthrobacter*，*Stenotrophomonas* の中には植物の病害抵抗性誘導能を示す揮発性の有機化合物を分泌する株が知られている．

2,3-ブタンジオール（2,3-butanediol；図 8.5A）は *Bacillus* 細菌が分泌する揮発性の有機化合物であり，シロイヌナズナの葉面積を増加させる（Ryu *et al.*, 2003）．本菌株はシャーレ内の寒天培地上でシロイヌナズナへ接触させずに培養することでシロイヌナズナの葉面積を増加させ，さらに本菌株の培養から揮発する成分を捕集したものも同様の効果が得られた．捕集した活性画分の GC-MS 解析から，主要な揮発性成分として 2,3-ブタンジオールとアセトイン（acetoin；図 8.5B）が同定され，化学合成した 2,3-ブタンジオールは 1〜100 μg をペーパーディスクへ

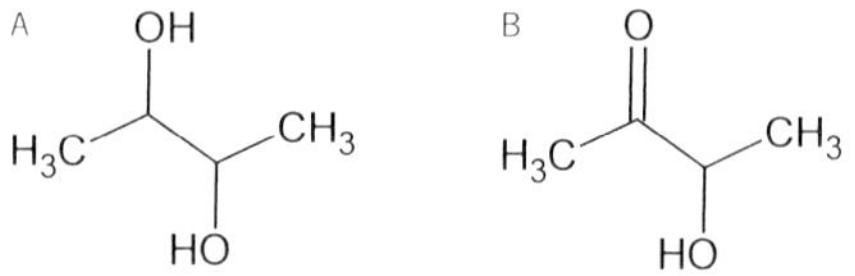

図 8.5　（A）2,3-ブタンジオール　（B）アセトイン

含ませて仕切りシャーレ（直径9cm）内に設置することでシロイヌナズナの葉面積の増加効果が確認された．また，100 μg以上の処理濃度では葉面積増加効果は認められなくなる．そして，本物質はシロイヌナズナの葉面積を増加させる以外にも，シロイヌナズナの病害抵抗性を誘導する（Ryu *et al.*, 2004）．化学合成した2,3-ブタンジオールをシロイヌナズナに処理することで *Erwinia carotovora* による軟腐病を抑制した．また，本物質の生産菌の揮発成分捕集画分を処理したシロイヌナズナの病害抵抗性誘導関連遺伝子群の発現解析により，全身誘導抵抗性（induced systemic resistance：ISR）経路が活性化する．

b. 環状リポペプチド

Bacillus 細菌の一部の菌株はほかの微生物に対して生育阻害活性を示すことが知られており，種々の環状リポペプチドが抗菌活性物質として報告されてきた（Stein, 2005）．環状リポペプチド生産性を示す拮抗性 *Bacillus* 細菌が各種植物病害に対して生物防除活性を示すことから，その病害抑制効果は植物病原菌に対する環状リポペプチドの抗菌活性に依存するとされていた．ところがこれら環状リポペプチドの植物病害抑制における新規の生理活性として，宿主植物に対する病害抵抗性誘導能が報告された（Jourdan *et al.*, 2009）．サーファクチン（surfactin；図8.6A）は *Bacillus* 細菌が生産する環状リポペプチドの一種であり，本物質をタバコ培養細胞に処理するとタバコの病害抵抗性を誘導した．植物の病害抵抗性誘導において宿主植物は誘導物質（エリシター）を厳密に認識し，非病原性微生物に由来する分子を認識した際のISR経路と植物病原菌の感染によって誘導される全身獲得誘導性（systemic acquired resistance：SAR）経路とよばれる2つの経路に大別される．

これら2種類の経路ではシグナル伝達物質を厳密に使い分け，ISRではエチレンおよびジャスモン酸を，SARではサリチル酸を生合成して，全身に行きわたらせる．これら2つの経路は互いに拮抗し，通常は片方の経路のみが発現するが，

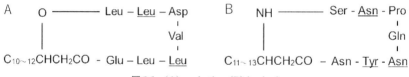

図 8.6　(A) surfactin　(B) iturin A
下線は D 型アミノ酸を示す．

サーファクチン処理したタバコ培養細胞では，これら両経路が同時に発現誘導されることが示されており，既知の病害抵抗性誘導とは異なる応答を示すと考えられている．また，サーファクチンによるタバコ培養細胞の病害抵抗性誘導は，イチュリン（iturin A；図 8.6B）という *Bacillus* 細菌由来の環状リポペプチドでは起こらないとされており，植物が環状リポペプチドの分子構造を厳密に認識すると考えられている．一方で，アブラナ科植物のタアサイにおいては，サーファクチンとイチュリン A の両環状リポペプチドはともにタアサイの病害抵抗性を誘導すると考えられている（Yokota and Hayakawa, 2015）．両環状リポペプチドの精製物は各々，病原菌に対して抗菌効果が認められない濃度で土壌処理を行うことでタアサイ萎黄病に対して病害抑制効果を示し，さらに両環状リポペプチドはともに過剰な土壌処理濃度において各々，病害抑制効果が消失する．また，病害抑制効果を示す処理濃度域は両環状リポペプチド間で異なることから，一定の処理濃度で両環状リポペプチドの効果を評価した場合に片方の環状リポペプチドのみが効果を発揮すると評価してしまう可能性がある．

　環状リポペプチドによる病害抵抗性誘導については，宿主植物の応答メカニズムなど不明な点が多く，今後，全貌があきらかになることが期待される．

8.2　植物生育促進根圏細菌（PGPR）

　植物生育促進根圏細菌（plant growth-promoting rhizobacteria：PGPR）は Kloepper and Schroch (1981) により初めて報告された．彼らはハツカダイコンの根長と重量を増加させる *Pseudomonas* の菌株を複数分離し，これらを PGPR として報告した．その後，*Bacillus, Enterobacter, Klebsiella, Azotobacter, Variovorax, Azosprillum, Serratia* などの多様な細菌が PGPR として同定され，これらはさまざまな植物種との組み合わせにより，各々の効果が報告されている．また，その生育促進メカニズムは前述した通り多岐にわたり，その長い進化の過程で獲得されたものと予想される．PGPR は free-living（自由生活型）であり，植物と共生関係にないと定義されるが，なぜ植物の生育促進物質を生合成するのか生物学的な意義については不明な点が多く，興味深い．

8.3 植物生育促進糸状菌 (PGPF)

　植物生育促進微生物は細菌のみならず，糸状菌にも見出される．植物生育促進糸状菌もしくは植物生育促進菌類 （plant growth-promoting fungi：PGPF） と総称される菌類には，植物と共生関係にある菌根菌も含まれることがあるが，*Trichoderma* や *Phoma*, *Rhizoctonia*, *Rhizopus* などの自由生活型の菌類も存在する （Puga-Freitas and Blouin, 2015）．

　自由生活型の菌類の植物ホルモン生産においては，*Trichoderma* が IAA やその類縁体となるオーキシンを生産する．また，シロイヌナズナに対して生育促進効果を示す *Piriformospora indica* は，オーキシンやサイトカイニンを生産する．本菌はシロイヌナズナに内生することから，根圏のみならず植物体内で種々の生理活性物質を分泌して植物の生育量や形態形成に影響する．　　　　　**横田健治**

9

植物病原微生物の種類と制御

　土壌中にはさまざまな植物病原微生物（病原菌）が存在し作物生産を脅かしている．病原菌により実際に生じていると見積もられる損失量は世界の主要8作物で全生産量の約10%にのぼる（表9.1）．病原菌のうち，すべてが土壌に生育する病原菌ではないが，ジャガイモ疫病菌，コムギ立枯病菌，イネ紋枯病菌など多くの土壌伝染性病原菌が含まれる．また，害虫による損失には土壌に棲息する線虫によるものも含まれるため，その分土壌に由来する病害虫の寄与は高い．野菜や果樹では，土壌伝染性病原菌や線虫による潜在的損失量は主要作物以上とされる．本章では，土壌病害とその病原体，防除法について概説する．

9.1　我が国の土壌病害の現状

　土壌伝染性病原菌によって引き起こされる土壌病害では，病原菌がおもに土壌中に生存し，植物の根あるいは土壌と接した茎葉部から侵入し，病気を引き起こ

表 9.1　病原菌，ウイルス，害虫，雑草による作物生産の実際の損失量（%）(Oerke, 2006)

	病原菌[*1]	ウイルス	害虫[*2]	雑草	合計
コムギ	10.2 (5〜14)	2.4 (2〜4)	7.9 (5〜10)	7.7 (3〜13)	28.2 (14〜40)
コメ	10.8 (7〜16)	1.4 (1〜3)	15.1 (7〜18)	10.2 (6〜16)	37.4 (22〜51)
トウモロコシ	8.5 (4〜14)	2.7 (2〜6)	9.6 (6〜19)	10.5 (5〜19)	31.2 (18〜58)
ジャガイモ	14.5 (7〜24)	6.6 (5〜9)	10.9 (7〜13)	8.3 (4〜14)	40.3 (24〜59)
ダイズ	8.9 (3〜16)	1.2 (0〜2)	8.8 (3〜16)	7.5 (5〜16)	26.3 (11〜49)
ワタ	7.2 (5〜13)	0.7 (0〜2)	12.3 (5〜22)	8.6 (3〜13)	28.8 (12〜48)
主要8作物[*3]	9.9	2.7	10.1	9.4	32.0

達成可能な生産量の2001〜2003年平均値に対して，各種文献に基づき，防除を行ったにもかかわらず実際に生じている損失量を算出．（　）は世界の19地域の最小値と最大値．[*1]糸状菌とバクテリア，[*2]線虫を含む，[*3]上述の6作物以外にオオムギ，テンサイ（このデータのみ Oerke and Dehne, 2004 より）．

9.1 我が国の土壌病害の現状

す．罹病した茎葉部や空気中から病原菌が伝染し，地上部を介して病徴が広がることもある．土壌病害は薬剤などが届きにくい根が侵されることが大半のため，いったん発病すると防除が困難となる．我が国の病原体の種類は，糸状菌が約7割と最も多く，細菌とウイルスが各5～6%である．線虫は微生物ではないが，土壌中に生育する植物寄生性線虫が植物に被害を引き起こし，病原体の約10%を占める．

連作障害とは，「同一作物を連作した場合に，常識で考えられる肥培管理を十分に行っても作物の生育または収量の劣る現象一般をさす」と定義され（持田，2005），土壌病害や線虫害がその主要な原因である．

我が国で実際に生じている作物の被害額は，病害対策に使われる殺菌剤・燻蒸剤の年間売上が1000億円前後のため，土壌病害とそのほかの空気伝染性病害を区別できないが，作物の病気全般に対する潜在的な被害金額として1000億円をはるかに超えると推定される．農産物産出額はコメ1兆5000億円（以下，いずれも平成27年），ムギ類430億円，マメ類680億円，イモ類2300億円，野菜2兆4000億円，果実7800億円，花卉3500億円，工芸農作物（テンサイ，サトウキビなど）1900億円の合計5兆6000億円であることから，この産出額と主要8作物における実損失量9.9%を掛けあわせると，損失額は5500億円と見積もられる．

日本植物病理学会は全国都道府県の農業試験場，国立試験機関，大学などに対して土壌病害の発生状況に関するアンケート調査を行ってきた（表9.2）．1963年

表9.2 発生面積の大きい土壌病害の報告件数の推移（土壌伝染病談話会，1992）

病名	1963	1975	1992
Fusarium oxysporum による病害	40	87	37
白紋羽病（*Rosellinia necatrix*）	20	7	34
ナス科作物青枯病（*Ralstonia solanacearum*）	14	20	33
アブラナ科野菜根こぶ病（*Plasmodiophora brassicae*）	9	13	25
ウイルスによる病害	6	14	17
Rhizoctonia による病害	7	50	15
Pythium による病害	10	20	14
Verticillium による半身萎凋病	2	12	12
ジャガイモそうか病（*Streptomyces scabies*）	1	6	9
アブラナ科野菜軟腐病（*Erwinia cartovora* subsp. *cartovora*）	14	30	6
Phytophthora による病害	7	56	4

全国都道府県の農業試験場，国立試験機関，大学など118機関のアンケート結果．

の調査では *Fusarium oxysporum* による導管病. 1975 年の調査においても，イチ
ゴ萎黄病，キュウリつる割病，ダイコン萎黄病といった *F. oxysporum* による導管
病が発生面積の大きい土壌病害であった．1992 年の調査になると，*Phytophthora*
や *Rhizoctonia* による病害が減少し，*F. oxysporum* による導管病のほかに白紋羽
病，青枯病，根こぶ病などが上位にあげられた．また，各府県が解決に取り組ん
でいる土壌病害リストによれば，線虫，青枯病，根こぶ病，*F. oxysporum* による
導管病，Phomopsis 病などの報告数が多い（表 9.3）．したがって，これらが我が

表 9.3 各府県が解決に取り組んでいる土壌病害リスト

病原体	病害名	報告県・作物数	おもな作物
植物寄生性線虫	線虫害	25	
ネコブセンチュウ (*Meloidogyne incognita, M. hapla*)		(15)	トマト，キュウリ，ニンジン，サツマイモ
ネグサレセンチュウ (*Pratylenchus penetrans, P. coffeae*)		(5)	ダイコン，ゴボウ，ナガイモ，サトイモ
シストセンチュウ (*Heterodera glycines*)		(4)	ダイズ，エダマメ
イモグサレセンチュウ (*Ditylenchus destructor*)		(1)	ニンニク
Ralstonia solanacearum	青枯病	24	トマト，ナス，ピーマン，トウガラシ
Plasmodiophora brassicae	アブラナ科根こぶ病	18	キャベツ，ブロッコリー，ハクサイ，ナバナ
Fusarium oxysporum	萎黄病・萎凋病・立枯病	16	トマト，イチゴ，ホウレンソウ，アスパラガス
Phomopsis sclerotioides	根腐病・しおれ	14	キュウリ，メロン，カボチャ
Verticillium dahlia	半身萎凋病	9	ナス，トマト
害虫（コナダニ，キノコバエ，オオタバコガ，ハムシ）		7	ホウレンソウ，ダイコン，カブ，ナス，食用キク
Sclerotium cepivorum	黒腐菌核病	6	ネギ，タマネギ
ウイルス（PMMoV, KGMMV, MNSV）	モザイク病	6	ピーマン，メロン，キュウリ
Sclerotium rolfsii	白絹病	4	ネギ，ニラ

平成 28 年度全国農業システム化研究会　野菜の土壌病害虫対策に関する情報交換会資料（東北関東甲信
越東海近畿北陸ブロック 26 府県）．

国の作物生産を脅かしている主要な土壌伝染性の病害虫である．そのほかに重要な病原菌は，「植物防疫法（＝植物に有害な動植物を駆除し，その蔓延を防止し，農業生産の安全及び助長を図ることを目的に制定)」において，発生予察事業の対象としてリストアップされているものである．大半がいもち病菌（*Pyricularia*)，うどんこ病菌などの地上部病害の病原菌であるが，疫病菌（*Phytophthora*)，菌核病菌（*Sclerotinia*)，紋枯病菌（*Rhizoctonia*）など一部に土壌伝染性もしくは土壌中で生残し次作の感染源となるものがある．

9.2 植物病原微生物の種類

　厳密な定義での植物病原微生物といえば菌類と細菌ではあるが，植物に被害をもたらす微小な物および生物として，ウイルス，ウイロイド，植物寄生性線虫も取り上げる．

9.2.1 菌　類
　菌類は糸状菌，カビともよばれる．農薬取締法では菌類と細菌をあわせて「菌」と定義するため，菌類は細菌を含む解釈がありうる．混同を避けるため，ここでは糸状菌という用語を用いる．以前，糸状菌は，変形菌類，鞭毛菌類，接合菌類，子嚢菌類，担子菌類，不完全菌類に分けられていた．生物の系統進化があきらかになってきた現在では，キャバリエ＝スミス（T. Cavalier-Smith）が提唱した6界説（細菌界，原生動物界，クロミスタ界，植物界，菌界，動物界）に基づき，変形菌は原生動物界，鞭毛菌はクロミスタ界，接合菌類・子嚢菌類・担子菌類・不完全菌類が菌界に分類される．有性生殖世代が見つかっていない糸状菌は不完全菌類に分類されていたが，系統解析に基づくと子嚢菌あるいは担子菌に分類されることがわかり，それぞれ不完全子嚢菌，不完全担子菌とよばれる．

a. 変形菌門ネコブカビ網ネコブカビ科
　細胞壁をもたない単核あるいは多核のアメーバを形成する特徴をもつ．植物病原菌としてはアブラナ科野菜根こぶ病菌（*Plasmodiophora brassicae*；ダイコンを除くアブラナ科の作物を侵す)やジャガイモ粉状そうか病菌（*Spongospora subterranea*)などが含まれる．両者とも絶対寄生菌であり人工培養できない．根こぶ病菌は不良環境に対する耐久性がきわめて高い休眠胞子を作り，土壌中で長期にわ

たって生存する．休眠胞子（一次遊走子嚢）は発芽して2本の鞭毛をもつ一次遊走子を生じ，やがて鞭毛を失って粘菌アメーバとなり根毛に侵入・成長し，細胞壁のない多核の一次変形体を形成する．一次変形体は二次遊走子嚢となり，二次遊走子が根毛外に放出され，それらが再び根に感染し皮層細胞内で二次変形体を形成する．感染された植物細胞は異常肥大を起こして「根こぶ」となる．やがて二次変形体は休眠胞子となり，作物残渣とともに土壌中に残り次作の感染源となる．粉状そうか病菌も同様の生活環を有するが，根こぶの代わりに塊茎表面に病斑を作る．植物病原菌ではないが，ウイルスを伝搬する *Olpidium* や *Polymyxa* もこの仲間である．

b. 卵菌門卵菌綱

形態や生活様式は菌類と類似しているが，細胞壁成分にキチンを含まず，その代わりにセルロースを含む．2本の鞭毛をもつ遊走子を形成し，有性胞子として卵胞子を形成する．水媒伝染性の性質をもち，この菌による病害は排水不良あるいは過湿条件下の圃場で多発する傾向がある．世界で最も有名な病原菌であるジャガイモ疫病菌（*Phyhtophtora infestans*），植物病原性を有する多くの種を含む *Pythium*，地上部に寄生し病斑を生じるべと病菌（*Peronospora*）や白さび病菌（*Albugo*）などが含まれる．このうち，ツユカビ科のべと病菌，シロサビキン科の白さび病菌は人工培養できない絶対寄生菌である．

フハイカビ科の *Phyhtophtora* の多くは，葉，茎，果実，枝，幹，根，塊茎などの各部位を侵して腐敗性の病気を引き起こす．耐久生存体である卵胞子は発芽して胞子嚢を形成し，胞子嚢から4〜10個の遊走子が放出される．遊走子は水中を遊泳後，被嚢胞子となり，被嚢胞子が発芽して付着器を形成し，宿主細胞内に表皮細胞から侵入し増殖する．その後，菌糸の一部に造卵器と造精器が作られ，受精して1個の造卵器に1個の卵胞子が作られる．同じくフハイカビ科の *Pythium* は *Phyhtophtora* に類似した形態や生活を有し，各種作物の苗立枯病や出芽前の種子の腐敗を引き起こす原因となるほか，腐敗病，根腐病，立枯病，根茎腐敗病などさまざまな症状をもたらす．地球温暖化の関連で，38℃で生育できる高温性 *Pythium* への関心が高まっており，*P. aphanidermatum*，*P. helicoides*，*P. myriotylum* の3種に対しては LAMP 法（loop-mediated isothermal amplification 法；PCR に替わる迅速，簡易な遺伝子増幅法）用のプライマーセットが市販されている．ホウレンソウやエンドウ，インゲンマメに根腐病を引き起こす *Aphanomyces*

もミズカビ科に含まれる病原菌である.

　べと病菌は多くの農作物の葉，葉柄，茎，花，穂，塊茎などに病斑を形成する. 白さび病菌はおもにアブラナ科野菜の葉に黄緑色の1〜5mm大の円斑を形成し，茎や花の奇形をもたらす.

c.　接合菌類

　無性世代では胞子嚢柄の先端の胞子嚢内に無数の胞子嚢胞子を作り，有性世代では2本の菌糸の間に作られた2つの配偶子嚢の接合により1個の接合胞子を作る，という特徴をもつ. 接合胞子は耐久性があり，越冬して翌春発芽すると胞子嚢柄を生じる. 植物病原菌の種類は多くなく，ケカビ目のイネ苗立枯病菌（*Rhizopus chinensis*）やサツマイモ軟腐病菌（*R. stolonifer*）が代表的である. *Rhizopus* は仮根を形成する点で植物病原菌ではない *Mucor* と異なる.

d.　子嚢菌類

　糸状菌の中で最大のグループであり，3000を超える属に3万数千種が記載されている. 有性生殖で子嚢内に通常8個の子嚢胞子を形成し，無性生殖では分生子を形成する特徴をもつ. 多くの植物病原菌が含まれ，タフリナ目，ウドンコカビ目，ボタンタケ目の黒根腐病菌（*Calonectria*；アナモルフ（無性世代の形態）は *Cylindrocladium*）や *Gibberella*（アナモルフは *Fusarium*），ディアポルテ目，目不詳の炭そ病菌（*Glomerella*；アナモルフは *Colletotrichum*），ビョウタケ目の灰色カビ病菌（*Botryotinia*；アナモルフは *Botrytis*）や菌核病菌（*Sclerotinia*；アナモルフは *Sclerotium*）などがあげられる. イネいもち病菌（*Magnaporthe oryzae*；アナモルフは *Pyricularia*）やコムギ立枯病菌（*Gaeumannomyces graminis*）もこの仲間である. 植物の地上部に病徴をもたらし，空気伝染や種子伝染するものが多いが，黒根腐病菌，菌核病菌，立枯病菌や白紋羽病菌（*Rosellinia*）などは土壌伝染性である.

　Taphrina に属する病原菌はモモ縮葉病，ウメふくろみ病，サクラ類てんぐ巣病などを引き起こし，それぞれ葉，果実，枝に病徴をもたらす.

　ウドンコカビ目は絶対寄生菌で，*Podosphaera xanthii*（ウリ類うどんこ病菌）はキュウリ，カボチャ，メロンに白色粉状の特異な病徴をもたらす. この病徴は菌糸，分生子柄，分生子によるが，菌叢上に黒色球形の閉子嚢殻を形成すると黒っぽい色を呈するようになる. *Podosphaera* にはアンズ，ウメ，モモなどの木本類を宿主とする *P. tridactyla*，イチゴを侵す *P. aphais*，トマトやニンジンを侵す

Erysiphe, イチゴやキュウリを侵す *Sphaerotheca*, ピーマン, トマトを侵す *Leveillula* など, ウドンコカビ目には多くの属・種が存在する.

ボタンタケ目のダイズ黒根腐病菌 (*C. ilicicola*) は根や茎の地下部表面を侵す. 菌糸は無色であるが, 子嚢殻はオレンジ色〜赤色, 微小菌核は黒色を呈する. *Gibberella fujikuroi* (アナモルフは *Fusairum moniliforme*) はイネばか苗病の病原菌で, 感染組織中でジベレリンを産生するため, 罹病株は黄化とともに徒長し, 重症苗は枯死に至る. *Gibberella zeae* (アナモルフは *Fusarium graminearum*) はムギ類赤カビ病の病原菌である.

Sclerotinia sclerotiorum はキュウリ, キャベツ, トマト, マメ類などさまざまな種類の植物に菌核病を引き起こす. 土壌中で越冬できる菌核を形成するのが特徴で, ペクチン質分解酵素などを分泌し, 植物組織を軟腐させる.

Rosellinia necatrix はウメ, ナシ, リンゴなど樹木類の白紋羽病を引き起こす. 本病にかかると, 主根や主幹の地際部を含む植物体の地下部全体が侵され, 地上部の生育不良, 葉の黄化, 落葉などが起こり, 枯死に至ることもある.

Gaeumannomyces graminis var. *graminis* が引き起こすコムギ立枯病は, 発病が繰り返し起こると土壌が発病抑止的になることで有名で (これを発病衰退現象とよぶ), 精力的に研究された土壌病害の1つである. 発病衰退現象では, 病原菌が植物根に感染し激しい発病を起こし土壌中に蔓延し, それにともない病原菌に対する拮抗菌が集積し, やがて増加した拮抗菌により病原菌が抑制されるようになる. そうした特異的な拮抗菌として, 抗菌物質 2,4-ジアセチルフロログルシノールを生産する *Pseudomonas fluorescens* が同定されている.

e. 担子菌類

核の融合と減数分裂が行われる担子器をもち, 通常, 単相の1核を有する担子胞子を作る. シダ植物や種子植物に寄生する絶対寄生菌であるサビキン類が代表的である. サビキン類は *Puccinia*, *Uromyces* ほか, 多くの属を有する地上部病害の代表的な菌類の1つである. 土壌伝染性としてはイネ紋枯病菌 (*Thanatephorus cucumeris*; アナモルフは *Rhizoctonia solani*) が含まれる. 葉や葉鞘に楕円形, 中心部が灰緑色から褐色, 周辺が緑褐色から褐色の大型病斑を作り, 下位の葉鞘からしだいに上位の葉鞘へと被害が広がっていく. 病斑部には褐色, 半球形 (2〜5mm 程度) の菌核が形成され, 菌核が地面に落ちて越冬し, 翌年の伝染源となる. 本菌はキャベツ株腐病, ナス褐色斑点病, トマト葉腐病なども引き起こ

す.

f. 不完全子嚢菌

有性世代（テレモルフ）が知られていない不完全菌は，分生子形成の有無，分生子形成様式，分生子やその形成器官の形など，無性世代の形態（アナモルフ）に基づき分類される．植物病原菌には不完全菌が多く，その中でも子嚢菌類が多い．代表的な菌は，ススカビ（*Alternaria alternata*），灰色カビ病菌（*Botrytis cinerea*），炭そ病菌（*Collectotrichum acutatum*），*Fusarium oxysporum*，緑カビ病・青カビ病菌（*Penicillium digitataum, P. italicum*），半身萎凋病菌（*Verticillium dahliae*）などである．このうち，*F. oxysporum* と *V. dahliae* が土壌伝染性病原菌であり，そのほかは地上部病害の病原菌である．

F. oxysporum は土壌伝染性病原菌の代表格で，特徴的な三日月型をした大分生子（大型分生子）や楕球形の小分生子（小型分生子），それに細胞壁が肥厚化した耐久器官である厚壁胞子を形成する．厚壁胞子は土壌中で10年間にわたり生存する例が知られるほどの耐久性を示し，宿主根からのシグナルを感知して発芽，根に感染し，導管内で増殖し，全身的な萎凋を起こす．病原菌が導管を侵す病気は総称して導管病とよばれるが，作物の種類により萎黄病，萎凋病，つる割病，立枯病など複数の病名がある（表9.4）．導管病を引き起こす病原菌はほかに*Verticillium* や青枯病菌 *Rasltonia solanacearum* が知られる．*F. oxysporum* は広範囲の作物を侵すが，菌株により厳密に宿主特異性が決まっている．特定の作物を侵す特定の菌グループを指す名称として分化型（forma specialis：f. sp.）があり，現在約120の分化型が知られる．トマト萎凋病菌は *F. oxysporum* f. sp. *lycopersici* とよばれ，この分化型はトマト以外の作物には病原性をもたない．現在我が国で問題となっているのは，トマト萎凋病，イチゴ萎黄病，メロンつる割病，ホウレンソウ萎凋病，アスパラガス立枯病などである．フザリウム属菌，*F. oxysporum*，トマト萎凋病菌，トマト根腐萎凋病菌，キュウリつる割病菌などさまざまなレベルの菌群に対して，特異プライマーが開発されている（有江他，2013）．

V. dahliae は暗褐色〜黒色の微小菌核を形成し，土壌中で長期間生存するのが特徴で，ナスやトマトに半身萎凋病を引き起こす．トマト，ナス，ピーマン，ダイコンおよびハクサイを検定作物とした病原力の強さから，A群（ナス系），B群（トマト系），C群（ピーマン系），E群（病原性が弱いか，どの作物にも強い病原力が認められない），トマト・ピーマン系，エダマメ系の6系統に分けられる．ハ

表 9.4　*Fusarium oxysporum* のおもな分化型（堀江，2014）

区別	科名	植物名	病名	分化型（f. sp.）
イモ類	ヒルガオ	サツマイモ	つる割病	*batatas*
マメ類	マメ	ダイズ（エダマメ）	立枯病	*tracheiphilum*
		インゲンマメ	萎凋病	*phaseoli*
野菜類	アオイ	オクラ	立枯病	*vasinfectum*
	アカザ	ホウレンソウ	萎凋病	*spinaciae*
	アブラナ	キャベツ	萎黄病	*conglutinans*
		コマツナ	萎黄病	*conglutinans, rapae*
		ダイコン	萎黄病	*raphani*
	ウリ	キュウリ	つる割病	*cucumerinum*
		スイカ・トウガン	つる割病	*lagenariae, niveum*
		メロン	つる割病	*melonis*
	キク	ゴボウ	萎凋病	*arctii*
		レタス	根腐病	*lactucae*
	セリ	ミツバ	株枯病	*apii*
	ナス	トマト	萎凋病	*lycopersici*
		トマト	根腐萎凋病	*radicis-lycopersici*
		ナス	立枯病	*melongenae*
	バラ	イチゴ	萎黄病	*fragariae*
	ユリ	アスパラガス	立枯病	*asparagi*
		タマネギ	乾腐病	*cepae*
		ネギ	萎凋病	*cepae*
		ラッキョウ	乾腐病	*allii*
花卉類	アブラナ	ハボタン	萎黄病	*conglutinans*
		ストック	萎凋病	*conglutinans*
	アヤメ	グラジオラス	乾腐病	*gladioli*
		フリージア	球根腐敗病	*gladioli*
	キク	アスター	萎凋病	*callistephi*
	サクラソウ	シクラメン	萎凋病	*cyclaminis*
	ナデシコ	カーネーション	萎凋病	*dianthi*
	ヒガンバナ	スイセン	乾腐病	*narcissi*
	ヒルガオ	ソライロアサガオ	つる割病	*batatas*
	マメ	ルピナス	立枯病	*lupini*
	ユリ	チューリップ	球根腐敗病	*tulipae*
		ユリ類	乾腐病	*lilli*

クサイ, ダイコンに強い病原力を示すかつての D 系は, 新種 *V. longisporum* として分離された. 低温地域や低温時に発病する *V. albo-atrum* は 30℃ では生育せず, 微小菌核を形成せず, 暗色休眠菌糸を感染源とするという特徴をもつ. ハクサイ黄化病やキャベツバーティシリウム萎凋病は *V. dahliae* と *V. longisporum* の 2 種によって引き起こされるが, 両種は定量 PCR による識別が可能である (Banno *et al.*, 2011).

g. 不完全担子菌

苗立枯病菌 (*R. solani*) と白絹病菌 (*Sclerotium rolfsii*) が代表的な植物病原菌である. *R. solani* はさまざまな作物に苗立枯病などを引き起こす. 分生子は形成しないが, 菌核を形成し土壌中で長期にわたって生存する. 菌糸融合反応の有無により複数の菌糸融合群 (anastomosis group:AG) に分けられる. 現在までに AG-1～AG-13 が知られており, 我が国では AG-1～AG-7 が見つかっている. *Rhizoctonia* は上述の多核のもの (テレモルフは *Thanatephorus*) 以外に, 2 核 *Rhizoctonia* (テレモルフは *Ceratobasidium*) が知られ, 2 核 *Rhizoctonia* は AG-A ～AG-S の 17 群に分けられる. 同一の融合群内に病原性, 生理, 遺伝的性質の異なる菌株群が存在する場合には, さらに亜群または培養型として区別される. AG-1 群は高温性で菌糸の生育が速いという特徴を有するが, その中で AG-1A 亜群はイネ紋枯病, ダイズ葉腐病, トウモロコシ紋枯病を引き起こす. AG-1B 亜群は樹木苗くもの巣病, キャベツ株腐病, ミツバ立枯病, レタスすそ枯病, AG-1C 亜群はテンサイ立枯病の病原菌である. AG-2-1 亜群は低温系のアブラナ科野菜苗立枯病菌, AG-4 群は高温性の多くの作物の苗立枯病菌である. *R. solani* に対しては多くの菌糸融合群・亜群に対して特異プライマーが開発されている (荒川, 2013).

S. rolfsii も分生子を形成しないが, 菌核を形成し土壌中で長期間生存する菌である. きわめて多犯性で, 各種野菜・花卉類に白絹病を引き起こすが, 中でもネギやニラでとくに被害が生じている.

9.2.2 細菌 (バクテリア)

主要な土壌細菌の門のうち, プロテオバクテリア, ファーミキューテス, アクチノバクテリアに植物病原細菌が存在する.

a. β-プロテオバクテリア

最も重要な植物病原細菌は，*Ralstonia solanacearum*（属名は *Pseudomonas* → *Burkholderia* → *Ralstonia* と変遷）である．トマト，ピーマン，ジャガイモ，タバコといった多くのナス科作物を侵し，世界中で被害がみられる．ナス科以外では，バナナ，ショウガ，クワにも害をなす．本菌は，寄生する植物の中の品種の違いに基づき5つのレース（寄生性の異なる同一種内の菌群）に分かれるほか，生理・生化学的性質に基づき6つの生理型（biovar），遺伝的類別関係に基づき7つのグループに分かれるほど多様である．青枯病によるトマトの被害はオーストラリアでは平均5〜15%に及び，ジャガイモ青枯病は世界80カ国でみられ，その被害金額は毎年1000億円にもなるという．土壌伝染性ではないが，イネもみ枯細菌病（*Burkholderia glumae*）もこのグループの植物病原菌である．

b. γ-プロテオバクテリア

多くの植物病原菌を有する．ペクチナーゼやセルラーゼを分泌しネギやキャベツなどに腐敗症状をもたらす軟腐病菌（*Erwinia carotovora* → *Pectobacterium carotovorum*），キャベツやブロッコリーに黒斑を作る黒斑細菌病菌（*Pseudomonas syringae* pv. *maculicora*），タバコに壊死斑を作る野火病菌（*Pseudomonas syringae* pv. *tabaci*）などが知られる．土壌伝染性ではないが，イネ白葉枯菌（*Xanthomonas campestris* pv. *oryzae*）が属する *X. campestris* はアブラナ科，ダイズ，インゲンマメ，ゴボウなど多くの作物を侵す病原型をもつ．ナシやリンゴに被害をもたらす火傷病菌（*Erwinia amylovora*）もこのグループに属し，本菌はおもに風雨や昆虫により媒介される．

c. α-プロテオバクテリア

植物病原細菌として知られ，近年では，さまざまな植物へ外来遺伝子を導入する際に用いられる *Rhizobium*（*Agrobacterium*）*tumefaciens* などが属する．本菌は腫瘍誘発プラスミド（Ti プラスミド）を有し，バラ科，キク科などの植物に病原性を示し，根頭がんしゅ病を引き起こす．

d. アクチノバクテリア

糸状性の *Streptomyces* 属および多形的桿菌の *Clavibacter* 属が含まれる．イモ表面に5〜10 mm 程度の褐色，コルク化したあばた状の病斑症状をもたらすジャガイモそうか病菌には *S. scabies*，*S. turgidscabies*，*S. acidiscabies* の3種が含まれ，北海道や九州の一部の地域で大きな問題となっている．サツマイモの茎およ

び塊根に黒斑症状をもたらす立枯病菌（*S. ipomoeae*）もこの仲間である．*Clavibacter michiganensis* subsp. *michiganensis* はトマトを侵し土壌および種子伝染する．トマトかいよう病とよばれるが，内部組織を侵し萎凋症状を示す場合と，小葉の葉縁に病斑を作り，小葉を黒褐色に変色させて枯らす場合とがある．

e. ファーミキューテス

植物病原細菌としてファイトプラズマが知られる．ファイトプラズマは宿主細胞なしでは培養できないため，正式な分類群は *Candidatus* Phytoplasma である．直径 0.1 μm，ゲノム 500〜1000 k 塩基対前後の小さなバクテリアである．イネ黄萎病，クワ萎縮病，キリてんぐ巣病，ジャガイモてんぐ巣病などの病原菌であり，植物の師部に局在し，いずれも地上部病害を引き起こす．

9.2.3 ウイルス

ウイルスは細胞構造をもたない微小な病原体（最小は直径 17 nm）であり，RNA あるいは DNA のいずれかの核酸とそれを包み込む外被タンパク質から構成される．約 250〜400 塩基の環状 1 本鎖 RNA のみからなるウイロイドとよばれる病原体も存在する．おもな伝搬様式は，種子伝染や接ぎ木伝染，あるいは植物の傷口から侵入して感染する汁液伝染であり，多くが地上部病害である．汁液伝染では害虫（ヨコバイ，ウンカ，コナジラミなど）によって媒介されるため，害虫防除がウイルス防除につながる．一方，土壌中に棲息する変形菌（*Olpidium*, *Polymyxa*）や線虫が媒介するウイルスもあり，それらは土壌伝染性である．メロンえそ斑点ウイルス（*Melon necrotic spot virus*），ピーマンに発生するトウガラシマイルドモットウイルス（*Pepper mild mottle virus*）などが土壌伝染性ウイルスとして問題になっている．

9.2.4 植物寄生性線虫

線虫は線形動物門に属するが，微生物の定義「肉眼でその存在が判別できず，顕微鏡などによって観察できる程度以下の大きさの生物を指す」に基づくと，線虫を肉眼で見るのは容易ではないため，微生物の仲間として取り上げる．

a. 生態的特徴に基づく分類

線虫のうち，半数以上は細菌や糸状菌をエサとし，非寄生性の自由生活をする自活性線虫である．一部に農作物に害をもたらす線虫が存在し，それらは植物寄

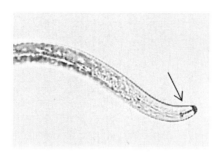

図 9.1 植物寄生性線虫に特徴的な口針（→）

生性線虫とよばれる．植物寄生性線虫の特徴は頭部にある口器の形態であり，植物組織に突き刺して養分を吸収する特別の器官である口針（stylet）をもつ（図9.1）．植物寄生性線虫は生活様式によりおもに3つに分けられる．移動性外部寄生性（ectoparasitic）は，根の外部にとどまり，根の周囲を移動しながら根に口針を突き刺して養分を摂取する．移動性内部寄生性（migratory endoparasitic）は，体全体を根の組織内に貫入させ養分を吸収するが，同じ場所にはとどまらず移動して別の根の部位にも侵入していく．定着性内部寄生性（sedentary endoparasitic）の線虫は，ひとたび根に侵入するとそこに定着し続けて養分を摂取する．種類は少ないが，根ではなく茎葉部で増殖する植物寄生性線虫も存在する（ハガレセンチュウ；*Aphelenchoides ritzemabosi* など）．

b. 主要な植物寄生性線虫

世界的に最も重要な植物寄生性線虫（図9.2）は，根に感染しこぶ（gall）を形成し，宿主植物の養水分吸収を阻害する定着性内部寄生性のネコブセンチュウ（*Meloidogyne*）である．ネコブセンチュウはトマト，キュウリ，ナス，ピーマン，メロン，スイカ，ニンジン，サツマイモなど多くの作物に被害をもたらす．我が国ではサツマイモネコブセンチュウ（*M. incognita*）およびキタネコブセンチュウ（*M. hapla*）が主要な種である．

長期にわたって土壌中で生残できるシストを形成するシストセンチュウも，定着性内部寄生性の世界的に重要な線虫である．ダイズやエダマメを侵すダイズシストセンチュウ（*Heterodera glycines*）（図9.3），ジャガイモを侵すジャガイモシストセンチュウ（*Globodera rostochiensis*）が代表格である．これまで未発生であったジャガイモシロシストセンチュウ（*Globodera pallida*）が2015年に初めて

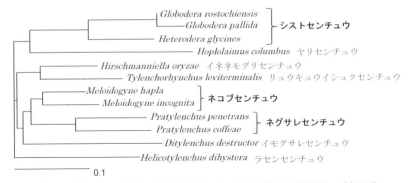

図 9.2 ITS1, 5.8S, ITS2 領域に基づく我が国の主要な植物寄生性線虫の系統関係
太字は経済的にとくに重要な線虫.

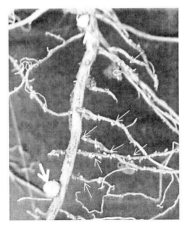

図 9.3 エダマメの根にみられる根粒（太い→）とダイズシストセンチュウ（細い→）

我が国で確認され，植物防疫法に基づき緊急防除が開始された．同じくテンサイシストセンチュウ（*Heterodera schachtii*）も 2017 年 8 月に初めて確認された．

移動性内部寄生性では，ネグサレセンチュウ（*Pratylenchus*）の被害が大きい．ダイコンやゴボウを加害するキタネグサレセンチュウ（*P. penetrans*），サトイモやサツマイモを加害するミナミネグサレセンチュウ（*P. coffeae*）などが我が国で問題になっている．また，モロコシネグサレセンチュウ（*P. zeae*）が多くのサトウキビ圃場に棲息していることがわかりつつある．そのほかの移動性内部寄生性

として，イネネモグリセンチュウ（*Hirschmanniella oryzae*），レンコンネモグリセンチュウ（*H. diversa*），ニンニクに感染するイモグサレセンチュウ（*Ditylenchus destructor*）などが知られる．これらの作物被害のうち，ダイコンやレンコンでは収量低下はほとんどなく外観上の商品価値の低下が主であることから，これらの線虫はコスメティックペストとよばれる．

移動性外部寄生性では，サトウキビ圃場でよくみられるイシュクセンチュウ（*Tylenchorhynchus*），ラセンセンチュウ（*Helicotylenchus*），ヤリセンチュウ（*Hoplolaimus*）などが知られる．内部寄生性線虫に比べると，外部寄生性線虫の作物に対する被害は一般的には少ないとされる．

従来の線虫計数は，線虫の運動性を利用したベルマン漏斗法により土壌中から線虫を分離し，顕微鏡下で線虫を形態に基づき同定しながら数えていく，という方法である．近年，土壌からの DNA 抽出法が発展し，さまざまな植物寄生性線虫種に対する特異プライマーも開発されてきた．そのため，植物寄生性線虫数の計数に際し，ベルマン法を介さずに，直接土壌から抽出した DNA を利用しリアルタイム PCR により定量する方法が利用されはじめている（Min *et al.*, 2012）．

9.3　植物病原微生物の制御

地上部病害と異なり，土壌中の病原菌の制御は困難で，薬剤を土壌の隅々，とくに深いところに生存する病原菌にまで効かせることはきわめて難しい．とはいえ，土壌病害防除策としてはおもに農薬施用に頼っているのが現状である．

一方近年，減農薬あるいは無農薬栽培への関心が高まり，総合的有害生物管理（integrated pest management：IPM：あらゆる適切な防除手段を相互に矛盾しない形で使用し，「経済的被害許容水準以下」に有害生物の個体群を減少させ，かつその低いレベルに維持するための個体群管理システム）の考え方が，世界中で進行している．IPM においては，化学防除，耕種的防除，生物的防除などを有効に組み合わせることが重要であり，我が国でも総合的防除体系の確立を目指してさまざまな試みがなされている（図9.4）．

総合的防除においてとくに重要となるのは，病原菌の密度に応じて対策を講じることである．土壌中における病原菌の密度が高いほど，病原菌が作物に感染し発病するリスクが高まる．病原菌が存在すれば必ず発病に至るわけではないため，

9.3 植物病原微生物の制御

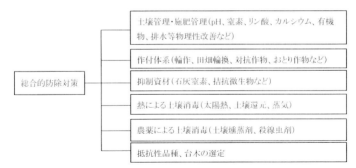

図 9.4 土壌病害,線虫害の総合的防除体系(日本土壌協会,2016)

表 9.5 土壌伝染性病原菌の最少発病密度(日本土壌協会,2016)

病原菌	分類	病名	感染源	菌密度 (個/g 土壌)
Sclerotium rolfsii	糸状菌 (不完全担子菌)	野菜類の白絹病	菌核	0.05〜0.5
Rhizoctonia solani	糸状菌 (不完全担子菌)	野菜苗立枯病,根腐病,黒あざ病,イネ紋枯病など	菌核	0.01〜0.1
Verticillium dahliae	糸状菌 (不完全子嚢菌)	野菜類の半身萎凋病,萎凋病,黄化病など	微小菌核	10〜130
Plasmodiophora brassicae	変形菌 (原生動物)	アブラナ科根こぶ病	休眠胞子	>10
Fusarium solani f. sp. *phaseoli*	糸状菌 (不完全子嚢菌)	インゲン根腐病	厚壁胞子	1000〜3000
Pythium ultimum	クロミスタ界 (卵菌)	野菜苗立枯病,根腐病など	胞子嚢	100〜350
Ralstonia solanacearum	細菌	ナス科青枯病	生菌体	>25000

各種の病原菌に対して,最少発病密度が求められている(表 9.5).また,線虫に関してもさまざまな線虫種と対象作物の組み合わせに対して,防除が必要となる線虫密度(要防除水準)が調べられている.一例としてダイコンに対するキタネグサレセンチュウのケースを示す.同じ線虫密度でも調査年度により収穫時の被害程度は異なったが,低密度においては一貫して病斑がみられなかったことがわかる(図 9.5).

病害虫の密度以外に,作物の健全性や土壌の生物性,物理性,化学性などさま

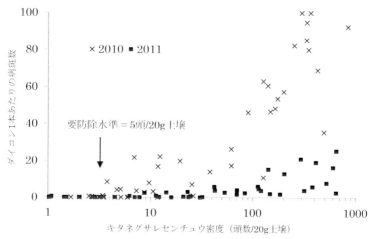

図9.5 播種時の土壌中のキタネグサレセンチュウ密度と収穫時のダイコンの線虫害との関係(Sato *et al.*, 2013より作図)
一筆の圃場を48区画に分け,区画ごとに線虫密度と線虫害を評価.同じ試験を2年間繰り返した.線虫密度測定にはリアルタイムPCR法を使用.

ざまな要因が発病程度に影響するが,病原菌が生育していない圃場において土壌消毒する,あるいは殺菌剤処理しても,それらの効果は期待できない.かえって,土着の微生物群も影響を受けるため発病リスクが高まることになりかねない(この現象はリサージェンスとよばれる).

9.3.1 耕種的防除

栽培法を変えることで病害を防除することである.抵抗性品種あるいは台木を利用することが最も効果的ではあるが,利用できる作物-病原菌の組み合わせは限られているため万能ではない.また,抵抗性品種は品質で劣ることがあり,台木利用には接ぎ木のための手間とコストを要するため,収益性が下がる懸念がある.トマトではネコブセンチュウに対して真性抵抗性を有する品種が開発されているが,その打破系統の線虫が出現し問題となっている.そのほかの防除法には,輪作や混作といった作付様式の改善,作期の移動といった気象環境の改善,灌漑や排水など土壌物理性の改善,あるいは肥培管理を工夫するなど,多くの成功事例が知られている.

輪作は,かつての三圃式農法やノーフォーク式農法で採用されるなど,土壌伝

染性病原菌の密度上昇，微量要素欠乏，有害成分の蓄積などによる連作障害を防ぐ上で，きわめて有効な手段である．ところが，とくに野菜類に関しては経済的あるいは産地形成上の理由により輪作できない状況が生じている．特定の病原菌や線虫の抑制効果が期待できる緑肥作物（対抗植物ともよばれる）の栽培が，肥沃度や炭素蓄積量の向上なども期待できるため，注目されている．

作期の移動においては，大半の病原菌の活動が温度上昇につれて活発になることに関連する．同じ作物でも，生産費に占める農薬費の割合は冬季の栽培に対して夏季に高く（表9.6），それだけ病害虫のリスクが高いと推察される．

肥培管理の中で最も影響が大きいのは土壌 pH である．一般に，糸状菌は低 pH で活動が活発になるのに対し，細菌の活動は中性付近で活発，酸性条件下で抑制されるためである．アブラナ科根こぶ病の発生は土壌 pH が 6.0 以下の酸性域で多発し，pH を中性付近まで上げると発病が抑制される．一方，ジャガイモそうか病は中性からアルカリ性の土壌で多発する．土壌 pH を 5.0 程度以下の酸性域にすると発病を抑制できるが，強酸性ではジャガイモの生育も抑制されるため，pH 4.8 〜5.0 程度が望ましいとされる．そうか病対策には，交換酸度 y_1（土壌 100 g に 1 N の KCl 250 ml を加え，その濾液 125 ml を 0.1 N の NaOH で滴定した際の容量 (ml) のこと．交換性の H^+ と Al^{3+} の和）を 5 以上にする土壌 pH 管理が最適とされ，簡易評価手法の開発とその現場導入が試みられている．肥料に関しては，一般に窒素肥料が多量施用されると作物が徒長気味に軟弱に育ち，病害が助長されるといわれるが，リン酸肥料に関してもリン酸過剰で根こぶ病が助長される（村

表9.6　時期により農薬使用量の異なる農作物の例（農林水産省「農業経営統計調査」，2009）

| | | 農業経営費 | 農薬費 | 割合 |
		(1000 円/0.1 ha)		(%)
ダイコン	春	175	7	4
	夏	202	14	7
	秋冬	168	16	10
レタス	春	221	11	5
	夏秋	221	25	11
	冬	270	13	5
キャベツ	春	185	14	8
	夏秋	236	43	18
	冬	204	17	8

上・後藤, 2007).

　持続的作物生産の観点から，化学肥料や化学合成農薬の代替として，堆肥，作物残渣，有機性廃棄物など有機物施用による病害防除への関心が高い．既存論文を精査した結果（Bonanomi *et al.*, 2010），有機物施用により発病抑制能が高まった例が半数近くを占め，微生物活性を高める有機物施用を行うと，おおむね *Pythium* や *Phytophthora* による病害が抑制される傾向が認められている．発病抑制能への影響は，施用する有機物の種類や施用量，また作物と病原菌の組み合わせにより異なるが，土壌肥沃度や土壌物理性の改善効果も期待できるため，発病抑制能が高くなる施用法の確立が待たれる．

9.3.2　生物的防除

　微生物や天敵生物などの生物機能を有効に利用する防除法であり，微生物農薬に対する世間の関心は高い．殺菌剤の出荷額は過去 10 年間 780〜750 億円と若干減少傾向にあるのに対し，この間微生物殺菌剤は約 1.5 倍に出荷額を伸ばしている．そうはいっても微生物農薬の占める割合は 1％程度にすぎず，殺菌剤の主流は化学合成農薬である．市販微生物農薬は，うどんこ病や灰色カビ病を対象とした *Bacillus subtilis* 製剤，軟腐病を対象とした非病原性 *Erwinia carotovora* 製剤など地上部病害対策の製剤がメインである．

　植物体内に感染および増殖するが，植物に病気を引き起こさない細菌は内生細菌とよばれ，その中には植物生育促進効果を有する菌がいる．それらは PGPR（plant growth-promoting rhizobacteria）であり，植物病原菌の生育を抑制したり，植物に誘導全身抵抗性（induced systemic resistance：ISR）を引き起こすことで，植物の生育を促進する．*Pseudomonas fluorescens* など，PGPR の中には製剤化されている菌株がある．植物生育促進効果を有する微生物は糸状菌にも見つかっており，それらは PGPF（plant growth-promoting fungi）とよばれる．PGPFは植物の根面に定着する能力が高いが，根の内部に生育するものもいる．感染の場における病原菌との競合や植物への全身的な抵抗性誘導によって病気を抑制する例が知られる．

9.3.3　化学的防除

　農薬（殺菌剤，燻蒸剤）による防除である．野菜類や花卉類の栽培では，土壌

伝染性病害対策として，土壌中でガス化し，土壌伝染性病原菌のみならず，雑草種子やほかの多くの有用生物まで殺してしまう燻蒸剤が用いられることが多い．土壌病害対策に用いられる主要な燻蒸剤の使用状況は，臭化メチル（モントリオール議定書締約国会合において，検疫および不可欠用途を除き2005年に全廃決定）は現在ほとんど使用されなくなったが，ダゾメット（土壌中で加水分解されてから活性成分が放出されるタイプ）は着実に出荷量を増やしており，クロルピクリンは過去20年間，最大の出荷量を維持し（図9.6)，2剤の出荷金額は100億円に及ぶ．一方，おもに線虫対策に用いられる1,3-ジクロロプロペンは過去25年間漸減傾向にあり，その代替として，非燻蒸剤である粒剤タイプの殺線虫剤の出荷が増えている（図9.7)．出荷金額も殺線虫剤4剤（作用機構はいずれもアセチルコリンエステラーゼ阻害）の合計は50億円を超えており，1,3-ジクロロプロペンの45億円を抜いた．これは，燻蒸剤の使用に関しては，環境影響に対する懸念から，都市近郊を中心に控える傾向が高まっており，選択的な農薬への要望が高まっているためである．

選択的な殺菌剤としては，べと病や疫病対策に用いられるマンゼブ（多作用点接触活性阻害）が35億円と最大の出荷金額を示す．土壌病害対策では，白紋羽病，根こぶ病，ジャガイモ粉状そうか病対策に用いられるフルジアナム（酸化的

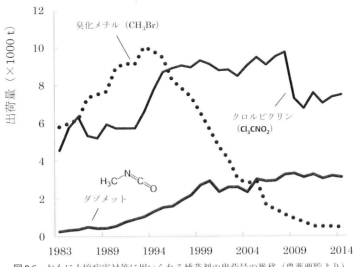

図 9.6 おもに土壌病害対策に用いられる燻蒸剤の出荷量の推移（農薬要覧より）

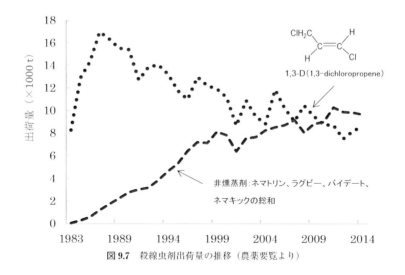

図9.7 殺線虫剤出荷量の推移（農薬要覧より）

リン酸化の脱共役阻害）が34億円，*Pythium* 対策のヒドロキシイソキサゾール（不明，発根促進作用あり）15億円，根こぶ病対策のフルスルアミド（作用機構不明）12億円，*Rhizoctonia solani*，白絹病対策のトルクロホスメチル（脂質および細胞膜生合成阻害）5億円が主要である．

　化学的防除は費用対効果に優れる．一例としてダイコンのキタネグサレセンチュウ対策を示す．2006年は汚染レベルが低い圃場，2007年は汚染レベルが高い圃場の例であるが，0.1 ha あたり数万円程度の薬剤を使用することで，低汚染圃場でも15万円程度，高汚染圃場では50万円以上出荷額が増えた（図9.8）．

9.3.4　物理的防除

　熱や光などを利用する防除である．太陽熱消毒は，夏季の高温時にプラスチックフィルムで覆い土壌水分を飽和状態にして地温を上昇させる方法で，関東や西日本のハウス栽培でおもに用いられる．処理期間が1カ月程度と長く，天候に左右されるという欠点はあるが，作物を栽培していない夏の暑い時期に処理できることや化学薬剤を使わずに済むこと，処理期間中の地温の測定により，病原菌死滅効果や養分供給能を高精度で予測できることがわかりつつあり，注目される防除法である．そのほか，天候に左右されない方法として熱水消毒や蒸気消毒がある．ボイラーで熱水あるいは蒸気を作る必要があるが，病原菌に対する死滅効果

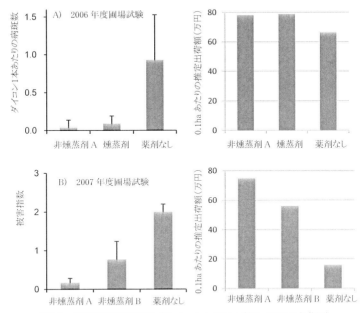

図 9.8 殺線虫剤の経済評価（Wada *et al.*, 2011；和田，2009 より作図）
2006 年度はダイコン 1 本あたりの病斑数，2007 年度は被害指数を 0〜4 の段階で評価．
白い病斑 1 個で出荷額 2 割減，10 個以上で半減，黒い病斑 1 個で出荷不可として算出．

が高いため，一部のハウス栽培で利用されている．

9.3.5 そのほかの防除法

近年注目が高まっているのは土壌還元消毒である．biological soil disinfestation あるいは reductive soil disinfection ともよばれていたが，anaerobic soil disinfestation という呼称が一般的になっている．易分解性有機物を添加後，プラスチックフィルムにより土壌表面を被覆，灌水することで土壌中の微生物を活性化，土壌中の還元化を促し，それにより各種の病原菌や線虫を死滅させる方法である．易分解性有機物源として，米ぬか，ふすま，糖蜜，エタノールなどが用いられる．燻蒸剤を用いた場合と比べコストが高くなるが，安定して高い効果が見込まれるため，非常に期待される防除法である．

豊田剛己

10

水田微生物の特徴と生産性とのかかわり

　世界の水田面積は1億6300万haで，コムギ，トウモロコシに次いで3番目の耕地面積を占めている．アジア地域は水田面積が最も広く，世界の水田の約90%が集中している（FAOSTAT 2014）．平成28年の農業白書によれば，我が国の水田面積は245万haであり，耕地面積の54%を占めている．

　アフリカやラテンアメリカの一部では陸稲がイネのおもな栽培形態であるが，世界的にみれば，イネの90%近くは灌漑水田あるいは栽培に必要な水を雨水に頼る天水田で栽培されている．我が国ではほぼ100%が灌漑水田である．すなわち，イネの栽培期間中のかなりの間，水田は湛水状態となっている．低地面積が大きく雨季に降雨が集中するモンスーンアジアで，湛水状態で栽培する水稲作は非常に理にかなった農業形態といえる．

　水田で土壌を湛水することのメリットとして，①養水分の供給，②土壌肥沃度の維持・向上，③土壌病害の軽減，④雑草の生育抑制，⑤水源確保，侵食防止，⑥地温の調節，などが知られている．このような水田の特徴の多くが，水田に棲息する多種多様な微生物の生態と深く関係している．その反面，条件によっては湛水が水稲の生育を阻害することがある．また，水田は温室効果ガスであるメタンの主要な発生源として知られているが，水田土壌におけるメタンの生成も湛水土壌に特徴的な微生物代謝の1つである．すなわち，湛水によってもたらされる水田土壌のメリット・デメリットには，そこに棲息する微生物の活動が大きくかかわっている．

10.1　水田土壌の構造

　図10.1に地下水位の低い水田（灰色低地水田）の水稲作付け中の模式断面図を示した．水田は，田面水，作土層，作土下の土層，水稲などの構成要素からなる

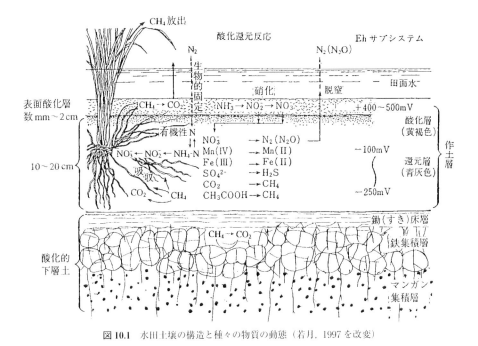

図 10.1 水田土壌の構造と種々の物質の動態（若月，1997を改変）

1つのシステムと捉えることができる．

10.1.1 田面水

灌漑水田では，水稲の生育に応じたさまざまな水管理が行われる．基本的な水管理として，田植え直後の幼苗を夜間の低温から保護するため，また雑草の生育を抑えるため，栽培初期は深水（水深7〜8cm程度）とし，その後水稲の生長と分げつを促進するため浅水にする．最高分げつ期のころに7〜10日間いったん非湛水状態で維持（中干し，midsummer drainage）した後に，再び湛水状態とする．幼穂形成期〜出穂期にかけて再び深水とし，その後は間断灌漑を繰り返し，黄熟期に落水する．このように水稲生育期間中の大部分，田面水（flooding water）が土壌表面を覆っている．

10.1.2 作土層

厚さ10〜20cm程度の作土層（plow layer）は，水稲の根が養分と水分を吸収

する主要な場である．湛水状態の作土の表層数 mm は，田面水を介した大気からの拡散および田面水と作土表層の光合成生物の活動による酸素の供給により，好気環境で褐色ないしは赤褐色を呈しており，酸化層（oxic layer）とよばれる．水中での酸素の拡散速度は大気の1万分の1程度であり，表層土壌での微生物の活発な呼吸活動のため，酸化層の下には酸素が十分供給されず，土壌は無酸素状態で灰色あるいは青灰色を呈する．この層位は還元層（reduced layer）とよばれ，湛水土壌特有の微生物代謝が進行する．

10.1.3　作土下の土層
作土層の直下には，緻密な土層（鋤床層）が発達し，過度な水の下方浸透を防いでいる．鋤床層の下にはしばしば作土から溶出した鉄（Fe），マンガン（Mn）の集積が認められる．地下水位の低い水田では作土下の土層は作土に比べて還元状態に陥りにくい．

10.1.4　水稲根圏
作土還元層に張りめぐらされた水稲の根およびその周辺土壌（根圏，rhizo-sphere）は，それ以外の土壌とは性質が異なる．すなわち，活性の高い水稲根からは酸素が周辺の土壌に拡散するとともに滲出物，脱落細胞などの形で有機物が供給され，根圏では好気的で高い微生物活性が維持される．一方，古くなった活性の低い水稲根では，酸素の供給力が低下し，水稲根細胞の分解も進むため，根圏は一転強い還元状態となる．

10.1.5　植物遺体
作土には，前作の水稲の根，刈り株が残存するとともに，鋤き込んだ雑草や緑肥・堆肥，刈り取ったイネの稲わらなどが供給される（表10.1）．これらはとくに土壌に棲息する従属栄養微生物にとって重要な有機物源である．植物遺体は，周辺の土壌とは異なる微生物代謝が進むホットスポットであり，植物遺体圏（detri-tusphere）ともよばれる．

表 10.1　水田における有機物の供給量（kg/ha/年）（Kimura *et al.*, 2004）

	無肥料区	無機質肥料区	緑肥区	有機質肥料区
雑草鋤き込み	170〜1100	1300〜2300	2100〜3100	3400
雑草根分泌物	5〜33	39〜69	63〜93	102
水生雑草（浮草以外）	390	60	230	200
水生雑草（浮草）	0	0	260	30
藻類	50	290	620	100
水稲落葉	310	550	510	580
水稲根分泌物	180	310	290	330
水稲刈跡株	400〜940	930〜1500	1300	1400
水稲残根	200〜470	470〜750	630	670
有機質肥料	0	0	1800	1500
計	1700〜3470	3950〜5830	7800〜8830	8310

10.2　水田微生物の多様性と機能

　前述のように，水田生態系は，性質の異なるいくつかのサブシステムから構成されている．また，水稲栽培に関連して経時的にもその環境は変化する．このような生育環境の時空間的な多様性を反映して水田にはさまざまな機能をもった多様な微生物が棲息している．

10.2.1　田面水の微生物

　田面水には緑藻，珪藻，シアノバクテリア（藍藻）などの光合成微生物（phototrophs）が棲息し，光合成を行い酸素と有機物を田面水および作土表面に供給している．これら藻類は，①田面水に溶存している無機養分を吸収・保持する，②光合成による有機物の供給により作土層の有機物の消耗を防ぐ，③シアノバクテリアによる窒素固定が作土層の窒素肥沃度を高める，など水田土壌の肥沃性にとって重要な役割を果たしている．水田土壌の有機物含量とクロロフィル様物質（藻類を含む植物体中のクロロフィルが植物の枯死後すみやかに分解・変質した一群の物質）の量との間には高い相関関係があることが知られている．田面水中の藻類量は，施肥が行われた湛水初期に高く，イネの生長によって水中の肥料成分が減少し，田面水へ到達する日射量が減るに従って低くなる．

　藻類による光合成活動は，作土に酸素を補給するほか，CO_2 の吸収によって田面水の pH を変動させるなど，水田生態系の環境を規定する生物因子の1つとな

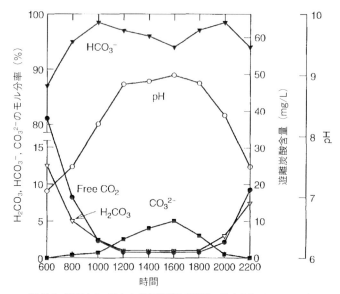

図 10.2 田面水の pH および無機態炭素濃度の日内変化 (Kirk, 2004)

っている(図 10.2).また,田面水および作土表面で光合成産物を利用する水生微生物も多数存在し,ほかの水生生物とともに田面水の生態系を構成している.

熱帯を中心に広く分布する水生シダ植物のアカウキクサ(*Azolla*)は,灌漑水路や水田,湖沼でしばしば旺盛に生育し,水面に厚い集落を作る.アカウキクサはシアノバクテリア *Anabaena azollae* との共生により高い窒素固定能を有しており,水田では生育したアカウキクサを土壌に鋤き込んで肥料とする緑肥として利用される.

10.2.2 作土の微生物
a. 酸化層

作土表層では,田面水から供給される有機物と酸素を利用した従属栄養微生物(heterotrophs)による好気的な有機物分解が進む.また,酸化層と還元層の境界では,化学合成独立栄養微生物(chemolithotrophs)である硝化菌(nitrifiers;アンモニア酸化菌,亜硝酸酸化菌),メタン酸化細菌(methanotrophs)が棲息し,還元物質であるアンモニアおよびメタンの酸化を行っている.そのほかにも作土

還元層から拡散供給される還元物質（Mn^{2+}，Fe^{2+}，S^{2-}）や糖が酸化層で微生物による酸化を受ける．このように酸化層に棲息する微生物は，還元層と田面水との間の物質交換のフィルターとして機能している．

b. 還元層

湛水下の作土還元層では，嫌気的な環境でさまざまな微生物が棲息する．おもに細菌，アーキアのような原核微生物が活動し，真核微生物（microeukaryotes）（糸状菌，fungi；原生生物，protists）の多くはその生育が制限されるが，嫌気性の従属栄養原生生物（原生動物）や卵菌類（oomycetes）も活動している．後に述べるように作土還元層の酸化還元電位は時空間的に変化しており，それに対応した微生物の物質代謝が卓越する．還元層における特徴的な微生物として以下のものがあげられる．

(1) 脱窒菌

硝酸イオン NO_3^- の窒素ガスへの還元は脱窒（denitrification）とよばれ，土壌からの無機態窒素の消失や施肥利用効率低下の原因となる一方で，地下水など系外への硝酸イオンの流出を防ぐ浄化の役割を果たしている．水田における脱窒は最も古くから知られる微生物現象であり，一般的な培養法では *Pseudomonas*，*Alcaligenes*，*Bacillus* の細菌がおもな脱窒菌（denitrifiers）として分離されている．近年水田土壌のメタゲノム解析によって，亜硝酸イオンを NO に還元する酵素の遺伝子 *nirK*，*nirS* の多くが，α-，β-，γ-プロテオバクテリア綱の細菌に由来すること，NO を N_2O に還元する酵素の遺伝子 *norB*，N_2O を N_2 に還元する酵素の遺伝子 *nosZ* は δ-プロテオバクテリア綱細菌由来のものが多く検出されることが示されている（妹尾，2015）．

(2) 鉄還元菌

嫌気的な微生物代謝によって直接的あるいは間接的に起こる酸化鉄の還元は，湛水土壌の化学性にさまざまな変化をもたらす．水酸化鉄 $Fe(OH)_3$ の還元は，水酸化物イオンの遊離をもたらし土壌 pH を上昇する作用をもつ．これにより土壌中のリンの可給性が上昇するとともに酸化鉄に吸着したリン酸塩が可溶化するため，湛水水田土壌のリン肥沃度は畑条件に比べて高くなる．水田土壌には α-，γ-，δ-プロテオバクテリア，ファーミキューテスに属する多様な細菌が酸化鉄を還元する．鉄還元菌（iron reducers）である *Geobacter*，*Anaeromyxobacter* 属菌は，水田土壌のメタゲノム解析で優占度が高く（妹尾，2015），鉄還元が湛水土壌にお

ける重要な嫌気的微生物代謝であることがうかがえる.

(3) 硫酸還元菌

硫酸還元菌 (sulfate reducers) は, 硫酸イオンをはじめとするイオウ酸化物を電子受容体として利用し, 還元土壌でほかの微生物が生成した乳酸, 酢酸, 水素などを代謝する. 基質の豊富な植物遺体や水稲根圏などに多く棲息し, 近傍の硫酸イオンを消費した後も拡散によって土壌のほかの部位から供給される硫酸イオンを利用することにより, しばしば集合体を形成する. その結果として, 土壌中における硫酸還元菌の活性は土壌中で不均一に分布する. イオウ酸化物の還元により生成する S^{2-} は, 湛水作土中でおもに Fe^{2+} と結合し FeS として不溶化するが, Fe 含量の少ない老朽化した水田に窒素肥料として硫酸アンモニウム ($(NH_4)_2SO_4$) を多く施用したような土壌では H_2S あるいは S^{2-} として存在し, 水稲根の生育阻害をもたらすことがある. この現象は, 良好に生育していた水稲が後期に凋落を示すことから「秋落ち」とよばれ, かつて大きな問題であった. しかし, 原因の解明とともに鉄を含む土壌の客土や含鉄資材, 硫酸イオンを含まない肥料の施用などの対策により, 日本の水田では現在ほとんど問題になっていない.

硫酸還元菌は, 硫酸イオンが存在するときはメタン生成アーキアと基質 (酢酸, 水素) をめぐる競争関係にあるが, 硫酸イオンが利用できない場合には発酵菌として生育し, 逆にメタン生成アーキアに基質を供給する共生関係を構築する.

(4) メタン生成アーキア

土壌還元が進んだ湛水土壌作土では, メタン生成アーキア (methanogenic archaea) によって, 酢酸や炭酸ガス＋水素をおもな基質としてメタンが生成される. 水田は大気メタンの主要な発生源であり, メタン生成は温室効果ガスの排出という点で負の側面から認識されることが多いが, メタンが生成することで, 水稲根の生育障害をもたらす酪酸, 酢酸などの発酵産物の土壌中での蓄積が回避される.

水田土壌のメタン生成アーキア群集は多様かつ安定であり, メタン生成のホットスポットである植物遺体周辺や嫌気的な水稲根圏ではそのうちのいくつかのグループが活動していると考えられている (Watanabe *et al.*, 2010).

10.2.3 下層土の微生物

下層土には, 作土から溶脱した Fe, Mn が集積する. 有機物含量が少ないため

10.2 水田微生物の多様性と機能

表 10.2 水田土壌と畑土壌の層位別微生物分布（乾土 1 g あたりの菌数）（石沢・豊田，1964）

微生物の種類	水田土壌（21 地点の平均）			畑土壌（26 地点の平均）		
	第 1 層 （表層土）	第 2 層 （下層土上部）	第 3 層 （下層土下部）	第 1 層 （表層土）	第 2 層 （下層土上部）	第 3 層 （下層土下部）
好気性菌（$\times 10^6$）	29.5	11.4	7.6	23.3	6.3	1.6
放線菌（$\times 10^5$）	23.2	7.9	3.6	47.1	17.1	3.5
糸状菌（$\times 10^4$）	7.75	1.31	0.68	2.47	4.66	1.08
嫌気性菌（$\times 10^5$）	21.8	9.7	1.8	16.3	5.9	1.5
硫酸還元菌（$\times 10^3$）	43.6	14.3	3.9	2.90	2.2	0.01
脱窒菌（$\times 10^4$）	18.9	6.9	6.1	14.6	5.7	—
硝化菌（$\times 10^3$）	10.9	—	—	70.4	95.4	—

（水田土壌は収穫後の落水土壌，畑土壌は非火山灰性土壌）

に還元状態が発達しにくく，地下水位が低い水田では集積した Fe, Mn は下層土で酸化を受ける．Fe^{2+} は酸素との接触による化学的酸化，鉄酸化細菌による生物的酸化を受ける．一方，Mn^{2+} はもっぱらマンガン酸化細菌・糸状菌によって生物的に酸化されると考えられている．

10.2.4 水田土壌と畑土壌の微生物数の違い

表 10.2 は，日本国内の落水期における水田土壌と畑土壌の微生物数を培養法による計数に基づいて比較したものである．水田土壌は，畑土壌に比べて好気性菌や硫酸還元菌の数が多く，放線菌，糸状菌，硝化菌の数が少ない．また，微生物数は土壌の下層に向かって減少するが，水田土壌では減少傾向が畑土壌に比べて緩やかである．

10.2.5 水稲根圏の微生物

活性の高い水稲根の根圏では，酸素と有機物の供給を受けて好気性従属栄養微生物の活動が活発である．また，嫌気的な作土層で生成した還元物質も根圏で酸化される．一方，活性が低くなり急激に還元が進んだ根圏では嫌気的な微生物代謝が進む．このように水稲根周辺では，好気的環境と嫌気的環境が時空間的に大きな遷移をともないながら混在している．そのため，メタン酸化とメタン生成，硝化と脱窒，鉄酸化と鉄還元，イオウ酸化と硫酸還元など，C, N, Fe, S の循環にかかわる共役的な微生物活動も活発であると想定されるが，その微視的空間分

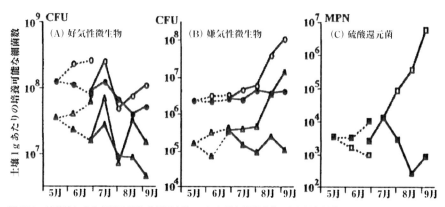

図10.3 培養法による根圏土壌と非根圏土壌の (A) 好気性微生物, (B) 嫌気性微生物, (C) 硫酸還元菌数の経時変化 (Kimura, 2000 を改変)
点線は苗代期 (非湛水状態), 実線は湛水期. 白塗りは根圏, 黒塗りは非根圏. 図 A, B で丸は全菌数, 三角は色素 (クリスタルバイオレット) 耐性菌数を示す.

布はあきらかになっていない.

　培養可能な微生物数は水稲根圏の環境によって変動し, 非根圏 (S) に対する根圏 (R) の微生物数の比 (R/S 比) で示される根圏効果は, 従属栄養性好気性菌については育苗期や水稲生育初期に高いが, 水稲生育後期になると硫酸還元菌を含む従属栄養嫌気性菌に対する根圏効果が高くなる (図 10.3).

　水稲根内部にはプロテオバクテリア, ファーミキューテスを優占グループに多様な細菌がエンドファイト (endophyte) として棲息しており, その中にはメタン酸化細菌や窒素固定菌など, 水田の物質代謝の鍵となる微生物も含まれる. 水稲根に棲息する窒素固定菌の種類や活性は, 窒素肥料の施肥, 水稲品種, そのほかの環境要因により異なり, 窒素成分が制限された条件で窒素固定活性がより活発になることが示されている (Minamisawa et al., 2016).

　老化した水稲根は, 表皮→外皮の順に層位ごとに微生物の侵入を受け分解される. 水稲根内部への分解微生物の侵入は, 湛水期間中は細胞壁にリグニンを多く含む厚膜細胞から構成される厚膜組織によってくいとめられており, 落水にともなう糸状菌の内部侵入によってさらに水稲根の分解が進む.

10.2.6 植物遺体圏の微生物

土壌に残された植物遺体は微生物による活発な分解を受ける. 4 mm 以上のサイズの植物遺体が 1～2 mm のサイズに分解されるまでに重量はもとの約半分程度となり, 稲わらで 60, 窒素を比較的多く含む雑草でも 30 程度の C/N 比は 20 前後にまで低下する. 植物遺体には多様な微生物群集が棲息し分解に関与しており, 植物遺体の種類や部位, 分解の程度 (段階), および土壌環境によってその組成は異なる.

10.2.7 養分供給源としての微生物

土壌微生物は, 有機物の分解や各種元素の循環を担っていることに加え, そのバイオマス自体が養分の貯蔵庫と供給源の役割をもっている. 水田土壌の微生物バイオマスの大半 (80～98%) は細菌が占めている. 水田土壌のバイオマスと土壌窒素の無機化量との間には高い相関があり, また無機態窒素が欠乏した条件でイネが吸収した窒素の大部分はバイオマス窒素に由来する. 水田土壌のバイオマス窒素の代謝回転速度は温帯の畑土壌に比べて約 50 倍近く大きく, 水田では窒素施肥をしない条件でも窒素施肥条件の 80% 以上の収量が得られる. このように微生物バイオマスは水田土壌肥沃度の重要な要素である. 加えて, 湛水土壌の大半を占める還元層では, 絶対好気性である硝化菌の活性が抑制されており, バイオマスから供給されたアンモニア態窒素が硝化–脱窒による損失を逃れ, 安定的に土壌粒子に保持されていることも, 水田土壌の高い窒素肥沃度の源となっている.

10.3 水田土壌における酸化・還元反応と微生物

10.3.1 湛水土壌の逐次還元過程

水田土壌中で進行している重要な物質変化の多くは酸化還元反応である. 酸化型の物質は電子 (e^-) を得て還元される. 一方, 還元型の物質は電子を失って酸化型の物質へと酸化される. ある酸化型物質の還元と還元型物質の酸化が 1 対の酸化還元反応として結びついている. ある酸化還元反応が起こっている系に白金電極を入れると酸化還元系と電極の間で電子のやりとりが行われ, 酸化還元反応に応じた電位が生じる. pH が 0, 水素ガスの圧力が 1 気圧の酸化還元系 (水素電

極）($H^+ + e^- \leftrightarrow 1/2H_2$）が示す電位を基準として，そのほかの酸化還元系の電位を表示したものが Eh である．

$$Eh = Eo + \frac{RT}{nF} \ln \frac{aO}{aR} \tag{1}$$

ここで，Eo は標準電位，R は気体定数，T は絶対温度，n は反応に関与する電子の数，F はファラデー定数，aO, aR はそれぞれ酸化型と還元型の活動度である．そのほかに酸化還元電位を示すものとして，水素イオンの活動度に基づく pH に準拠して，電子の活動度（$[e^-]$）に基づく pe を使う場合がある．

$$pe = -\log[e^-] \tag{2}$$

Eh と pe には25℃の条件で $Eh(V) = 0.059$ pe の関係が成立している．

pH が低い溶液（酸溶液）ほど水素イオンを提供する傾向が強く，高い溶液（アルカリ溶液）ほど水素イオンを受け取る傾向が強い．それと同様に，pe が低い反応系ほど電子を提供する傾向が強く，高い反応系ほど電子を受け取る傾向が強い．$aO = aR$ のときの pe は1電子あたりの半反応の平衡定数に相当する．表10.3に1電子あたりで表したおもな還元半反応の平衡定数（ここでは pe^0）と中性条件（pH 7）での平衡定数（pe^{0*}）の値を示した．

酸化還元反応によって得られるエネルギーは2つの半反応の酸化還元電位の差に比例的である．表10.3では，最上段と最下段の半反応の組み合わせ，すなわち有機物から供出される電子を酸素が受け取る酸素呼吸によって得られるエネルギーが最も高い．

田面水を通じて土壌に供給される酸素は，作土表層ですみやかに消費される．その結果として，作土表層数 mm 以深では，酸素を利用しない嫌気呼吸が進む．嫌気呼吸は反応あたりのエネルギー獲得量が大きい，すなわち酸化還元電位の差が大きいものから小さいものに順に卓越する．すなわち最終電子受容体（酸化剤）として，硝酸イオン，酸化マンガン，酸化鉄，硫酸イオンの順に利用される．これを逐次還元（sequential reduction）とよぶ（表10.4）．水田土壌に存在する酸化剤のうち最も卓越するのは通常酸化鉄である．

メタン生成は，上記の最終電子受容体が利用された後の酸化還元電位が最も低い条件で，複数のグループの微生物によって協同的に行われる（図10.4）．多糖，タンパク質などのポリマーは一次発酵菌により，単糖，アミノ酸などのモノマーに分解され，さらに有機酸，アルコール，水素，CO_2 に分解される．有機酸は二

10.3 水田土壌における酸化・還元反応と微生物 *121*

表10.3 各種還元半反応の平衡定数[a]（Kirk, 2004）

		pe^0	pe^{0*}
$1/4O_2(aq) + H^+ + e^-$	$= 1/2H_2O$	20.75	13.75
$1/5NO_3^- + 6/5H^+ + e^-$	$= 1/10N_2 + 3/5H_2O$	21.05	12.65
$1/4NO_3^- + 5/4H^+ + e^-$	$= 1/8N_2O(g) + 5/8H_2O$	18.81	10.06
$1/2MnO_2(s) + 2H^+ + e^-$	$= 1/2Mn^{2+} + 2H_2O$	21.82	9.67[b]
$1/2Mn_3O_4(s) + 4H^+ + e^-$	$= 3/2Mn^{2+} + 2H_2O$	30.79	8.33
$MnOOH(s) + 3H^+ + e^-$	$= Mn^{2+} + 2H_2O$	25.33	8.02[b]
$1/2NO_3^- + H^+ + e^-$	$= 1/2NO_2^- + 1/2H_2O$	14.15	7.15
$1/8NO_3^- + 5/4H^+ + e^-$	$= 1/8NH_4^+ + 3/8H_2O$	14.90	6.15
$1/6NO_2^- + 4/3H^+ + e^-$	$= 1/6NH_4^+ + 1/3H_2O$	15.14	5.82
$1/4CH_2O + H^+ + e^-$	$= 1/4CH_4(g) + 1/4H_2O$	6.94	− 0.06
$Fe(OH)_3(s) + 3H^+ + e^-$	$= Fe^{2+} + 3H_2O$	16.54	− 1.46[b]
$1/2CH_2O + H^+ + e^-$	$= 1/2CH_3OH$	3.99	− 3.01
$1/8SO_4^{2-} + 5/4H^+ + e^-$	$= 1/8H_2S(g) + 1/2H_2O$	5.25	− 3.50
$1/8SO_4^{2-} + 9/8H^+ + e^-$	$= 1/8HS^- + 1/4H_2O$	4.25	− 3.63
$1/8CO_2(g) + H^+ + e^-$	$= 1/8CH_4(g) + 1/4H_2O$	2.87	− 4.13
$1/6N_2 + 4/3H^+ + e^-$	$= 1/3NH_4^+$	4.63	− 4.70
$\alpha\text{-}FeOOH(s) + 3H^+ + e^-$	$= Fe^{2+} + 3H_2O$	11.31	− 6.69[b]
$H^+ + e^-$	$= 1/2H_2$	0.00	− 7.00
$1/4CO_2(g) + H^+ + e^-$	$= 1/24(glucose) + 1/4H_2O$	− 0.20	− 7.20
$1/4CO_2(g) + H^+ + e^-$	$= 1/4CH_2O + 1/2H_2O$	− 1.20	− 8.20

[a] 25℃条件における酸化型物質と還元型物質の活動度の比が 1（pe^0）および pH ＝7（pe^{0*}）のときの定数.
[b] マンガンおよび鉄酸化物のpe^{0*}についてはMn^{2+}，Fe^{2+}の濃度を湛水土壌における代表的な値として 0.2 mM，1 mM として計算している．そのほかの反応については活動度を 1 として計算している.

表10.4 湛水土壌における還元過程と微生物代謝（高井, 1978）

物質変化	反応の起こる土壌酸化還元電位 (mV)	有機物分解	CO^2 生成	予想される微生物のエネルギー代謝形式
分子上酸素の消失	＋500〜＋300	活発に進行する	活発に進行する	酸素呼吸
硝酸イオンの消失窒素ガスの生成	＋400〜＋100			脱窒
Mn(II)の生成	＋400〜−100			マンガン酸化物の微生物代謝産物による間接還元
Fe(II)の生成	pH6〜7で ＋200〜−200			鉄酸化物の微生物による直接還元ないしは間接還元
S(II)の生成	0〜−200	緩慢に進行する	緩慢に進行するか，停滞ないし減少する	硫酸還元
H_2 の生成	−200〜−420			発酵
CH_4 の生成	−200〜−300			メタン発酵

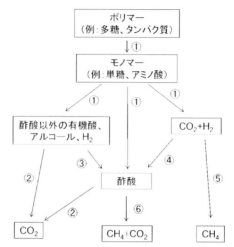

図 10.4 有機物の嫌気的分解過程とそれにかかわる微生物（Ye et al., 2014 を改変）
①一次発酵菌，②最終電子受容体還元菌，③二次発酵（共生）菌，酢酸生成菌，④ホモ酢酸生成菌，⑤水素利用性メタン生成アーキア，⑥酢酸利用性メタン生成アーキア．

次発酵菌によりさらに酢酸，水素，CO_2 に分解される．こうして生成した酢酸，水素・CO_2 をメタン生成アーキアが利用しメタンを生成する．二次発酵菌による水素や低級脂肪酸の生成は吸エルゴン反応であり，単独の反応からはエネルギーを得ることができない．メタン生成アーキアをはじめとする酢酸および水素を消費する微生物と共生することで初めてエネルギーを得ることができる．

10.3.2 還元物質の酸化

作土還元層で生成した最終電子受容体の還元物質（Mn^{2+}，Fe^{2+}，S^{2-}，CH_4）は，拡散による酸化層への移動，あるいは落水にともない混入する空気との接触によって，化学的あるいは生物的に酸化される．還元物質の再酸化は，土壌中での元素循環にとって重要である．たとえば，メタンの土壌中における酸化は，その大半が見かけ上酸素がほとんど検出されない酸化還元境界層で起こっており，大気への放出を抑えるフィルター機能を果たしている．

還元物質の再酸化は，酸素以外に，還元物質の酸化還元電位よりも高い電子受容体との化学的・生物学的反応によっても起こる．たとえば，S^{2-} は酸化鉄や酸化

マンガンと化学的に反応し，S^0 へと酸化され，S^0 は，脱窒，マンガン還元，鉄還元とカップリングして硫酸イオンに酸化される．Fe^{2+} も脱窒反応とカップリングして酸化される．メタンは硫酸還元とカップリングして嫌気的に酸化される可能性が示唆されている．また近年，水田以外の嫌気環境におけるメタン酸化の事例として，硝酸イオン（脱窒），酸化鉄（鉄還元）とのカップリングが報告されている．水田土壌は，有機物や酸化物質の空間分布が不均一であり，湛水土壌の酸化還元電位も空間的に不均一であることが知られている．したがって，湛水土壌では異なる酸化還元反応が同時に進行しており，溶存物質の拡散輸送を介した嫌気環境での還元物質の酸化が起こっていると想定される．

10.4 肥培管理と微生物

水稲作に関連する肥培管理は，水田土壌に棲息する微生物にさまざまな影響を与える．

10.4.1 水管理

a. 湛 水

水田土壌の最大の特徴である湛水は，土壌に棲息する微生物に重大な影響を与える．湛水によって土壌孔隙が水で飽和され，土壌の大半が無酸素状態になることで，先述したような嫌気的な微生物代謝が進行する．培養法によって計数される水田土壌の従属栄養細菌の大部分は通性嫌気性細菌であり，湛水後通性嫌気性細菌は一時的に増加した後ほぼもとの値を保つのに対し，絶対好気性細菌は徐々に減少する．風乾土を湛水した後の土壌細菌群集の遷移を T-RFLP 法とクローンライブラリー法で解析した研究では，微生物群集は湛水後 6 時間で酸化層，還元層それぞれの層位において別々の群集へと変化し，3～4 週間遷移した後に，安定かつ均一な群集に収束することが示されている（Noll *et al.*, 2005）．このことは，湛水にともなう土壌環境の変化（図 10.5）によく対応している．酸化層では，湛水初期は β-プロテオバクテリア，湛水後期は *Verrucomicrobia*, *Nitrospira* が優占グループであり，還元層では，湛水初期が *Clostridia*，湛水後期は *Myxococcales* が優占グループであった．この遷移には，土壌微生物の r-K 戦略の違いが関係すると考えられている．すなわち，湛水初期には生育速度の速いグループ（r 戦略

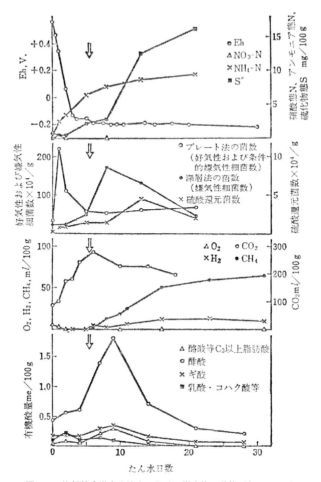

図10.5 注射筒内湛水土壌中における微生物の動態（和田，1981）

者）が優占し，湛水後期には生育速度は速くないが一定の個体数を安定的に維持できるグループ（K戦略者）が優占する．

　作土における好気性細菌および糸状菌の活動や土壌酵素の活性は湛水によって抑制される．嫌気環境での有機物の微生物分解は好気環境に比べて緩慢であり，夏の高温期に湛水される水田土壌は有機物の消耗が抑えられる．このことが，田面水，作土表層の光合成活動による有機物の供給とあわせて，水田土壌の肥沃度

を維持する要因となっている.

b. 田面水の下方浸透

　田面水は蒸発，表面流出のほかに，作土層を通過し下方へと浸透する．おもに室内におけるモデル実験によって，田面水の下方浸透は，作土の溶存物質や微生物の流脱をもたらし，作土の微生物代謝にも影響を与えることが示されている．すなわち，湛水土壌の土壌溶液中には，微生物の基質と生育阻害物質が含まれており，田面水の下方浸透には，これらの物質を作土から除去するとともに，作土表層へ酸素を供給するはたらきがある．易分解性の有機物が多く還元が発達した土壌では，田面水の浸透による阻害物質の除去効果がより強く現れ，土壌の還元がさらに促進される．一方，易分解性有機物が少ない土壌では，生育阻害物質の除去よりも基質の溶脱と酸素供給の効果が強く現れ，土壌はより酸化的になる．

c. 中干し，落水

　中干しや落水によって土壌環境は急激に酸化的状態となり，嫌気微生物代謝（嫌気呼吸，発酵）は抑制され，微生物群集は大きく撹乱される．嫌気状態で抑制されていた好気的微生物代謝や還元物質の酸化が進行し，土壌酵素の活性も上昇する．土壌のメタン生成活性は落水によって急激に低下するが，その一方で，メタン生成アーキアは，落水後も湛水期と同程度の菌数を維持しており，絶対嫌気性であるメタン生成アーキアが酸素に対する何らかの防御機構を備えていると想定される．

10.4.2　施肥，有機物の施用

　水田土壌の微生物バイオマスは，肥料や有機物の投入に応答して変化する．化学肥料のみの場合でも無肥料区に比べて微生物バイオマスは上昇し，稲わら堆肥などの有機質肥料の施用によって微生物バイオマスはさらに上昇する（表10.5）．C/N 比の高い作物残渣の土壌への還元は窒素固定を促進する．

　施肥の影響は真核微生物群集にも顕著に現れる（図10.6）．水田の長期試験圃場では，化学肥料，とくにリン酸肥料を施用しない土壌で緑藻の優占度は低く，珪藻や線虫の優占度が高くなる．化学肥料を施用した土壌では緑藻の優占度が高くなり，化学肥料に加えて稲わら堆肥を多く投入すると緑藻の組成が変化するとともに捕食性原生生物（繊毛虫，鞭毛虫，アメーバ）の優占度が上昇する（Murase *et al.*, 2015）．なお，糸状菌の優占度は，落水期間中を含め，畑や森林の土壌に比

表10.5 長期施肥試験水田圃場の微生物数と活性の比較（塩田他, 1987）

処理区	好気性細菌 (×10⁶/g乾土)	CV耐性菌* (×10⁵/g乾土)	細菌胞子 (×10⁵/g乾土)	糸状菌 (×10³/g乾土)	土壌呼吸量 (mgC/kg/日)
化学肥料＋稲わら堆肥 22.5 t/ha	54.0[a]	46.9[a]	33.8[b]	58.2[a]	8.71[a]
化学肥料＋稲わら堆肥 7.5 t/ha	47.9[a]	44.1[a]	23.2[b]	36.9[b]	5.31[b]
化学肥料	35.8[b]	32.6[b]	5.0[c]	18.0[c]	4.20[bc]
無肥料	18.1[c]	19.1[c]	1.7[c]	10.5[c]	3.23[c]

＊色素（クリスタルバイオレット）耐性菌＝グラム陰性細菌の指標
同一行内の異なるアルファベットは処理区間で5%水準で有意差があることを示す.

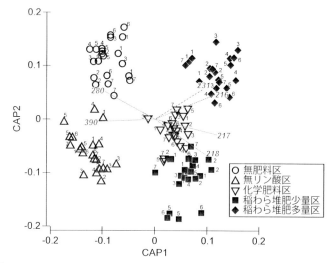

図10.6 T-RFLPパターンに基づく連用施肥試験水田土壌の真核微生物群集の比較
（Murase et al., 2015）
プロット横の数字は、1作期間中のサンプリング順（1：作付前～7：収穫後）を示す.

べて低く, 作付け期間中の湛水が真核微生物の群集を左右する要因となっていると考えられる.

10.4.3 農 薬

除草剤の施用は, 田面水の藻類の生育を抑え, 溶存酸素濃度とpHの低下および日内変動の低減, 溶存炭酸ガスの上昇をもたらすことが知られている(Usui and Kasubuchi, 2011). また, 光合成細菌および従属栄養細菌の窒素固定活性を抑制

する.

10.5 地球温暖化との関係

10.5.1 メタンの生成,酸化,放出

　水田からのメタン放出は,大気メタンの10%程度を占めていると見積もられており,農業生態系から放出される温室効果ガスの主要なソースの1つと考えられている.先述のように,メタンは有機物の嫌気的微生物代謝の最終生産物であり,稲わらなどの植物残渣や有機質肥料の施用は土壌還元の促進を促し,メタン生成,大気放出を増大させる.一方,中干しによる酸素の混入は土壌を好気状態にし,メタン生成を抑制する.また,鉄資材や肥料の投入にともなう酸化鉄,硝酸イオン,硫酸イオンの負荷も土壌の酸化還元電位を上昇させ,脱窒,鉄還元,硫酸還元がメタン生成に対して拮抗することでメタン生成が低下することが知られている.

　土壌で生成したメタンは,おもに水稲根の細胞が死滅してできる細胞間隙である破生通気組織を経由して水稲体から大気へと放出される.水稲生育後期(最高分げつ期以降)の水稲根周辺は強い還元状態となり,水稲根から供給される光合成由来の有機態炭素は,根圏ですみやかに分解を受けメタンが生成する.水稲根から供給される有機物に由来するメタンの大気放出量は,有機物を投入しない水田土壌からの総メタン放出量の80%以上に達する.このように,水稲体は,基質の供給および移動経路の確保という点で,水田におけるメタンの生成と大気放出にきわめて重要な役割を果たしている.

　水田土壌で生成したメタンは,すべてが大気へ放出されるわけではなく,好気的な微視的環境でメタン酸化細菌によって酸化される.作土酸化層にはメタン酸化細菌が多数棲息し,還元層から拡散移動したメタンのほとんどが酸化層で酸化される.また,好気的な水稲根圏においても一部酸化される.メタン酸化細菌は,細胞構造や代謝経路の違いによっておもにγ-プロテオバクテリアに属する Type I と α-プロテオバクテリアに属する Type II に分類される.Type II は水田土壌中で存在量としては優占するが,メタン酸化が活発な場所ではおもに Type I がはたらいていると考えられている.メタン酸化は窒素施肥の影響を受ける.植物との競合により十分な窒素がない水稲根圏ではアンモニアはメタン酸化を促進す

る．その反対に，窒素が十分存在する酸化層ではアンモニアがメタン酸化酵素の活性を競争的に阻害する．また，メタン酸化菌の群集構造は施用する窒素肥料の種類に応答して変化することが示されている．

10.5.2　N_2O

N_2O はメタンと並んで農業生態系から放出される温室効果ガスの1つとして重要視されているが，水田からの N_2O の放出量はきわめて少ない．畑土壌では N_2O のおもな生成経路である硝化が湛水状態の水田土壌では抑制され，脱窒過程においても生成した N_2O のほとんどは蓄積することなく N_2 にまで還元されるからである．

10.5.3　温暖化，CO_2 上昇と水田土壌微生物

大気 CO_2 濃度の上昇は，一種の施肥効果として藻類や水稲の生育を促進し，結果的に土壌微生物バイオマスの増加をもたらす．また水稲根圏の微生物群集も変化する．CO_2 濃度の上昇や気温の上昇によって水田からのメタン放出量は増加し，それが大気メタン濃度の上昇をもたらすことで温室効果に対する正のフィードバックがはたらくことが指摘されている．　　　　　　　　　　　　　　村瀬　潤

11

畑の微生物の特徴と生産性とのかかわり

　畑の微生物は耕起や有機物施用などの影響を受けることで大きく変動することが知られている．本章では畑の微生物の特徴を記載するとともに，根圏や連作障害と微生物との関係が栽培される作物にどのような影響を与えるかをみていく．さらに，肥培管理（有機物施用や水分条件，土壌 pH の管理）および温暖化と微生物との関係についても，その概略を記載する．

11.1 畑の微生物の多様性と機能

　畑は頻繁に耕起されるとともに，水田のように湛水による酸素流入の制限がないために，ほかの農地に比べ好気的状態にある．その結果，畑では好気性微生物が優占することになる．また，比較的短期間で作物の生育，収穫が行われるために，自然に成立する植物−土壌微生物−土壌動物の密接な関係が撹乱され，不安定な状態が生じている．

　その特徴としては，①森林や草地に比べ，糸状菌の割合が低下し，細菌の割合が高まっている．②糸状菌の中では，土壌中の糖を優先して資化する腐生菌が増加し，また，植物寄生性の *Rhizoctonia* や *Fusarium* なども増加し植物病害を発生させる．③細菌ではアクチノバクテリア，硝化菌および脱窒菌などの数が増加する．また，火山灰土では，非火山灰土に比べて細菌に占める放線菌（アクチノバクテリアに分類）や嫌気性菌の割合が高い傾向にある（石沢・豊田，1964）．

　一般的な畑には 0.1 ha あたり生体重で約 700 kg の土壌生物が棲息しているとされ，そのうち，平均で 20〜25％が細菌，70〜75％が菌類（主として糸状菌類），残りの 5％以下がミミズなどの土壌動物となっている．畑土壌では好気的な微生物が優占しているが，団粒内部などの嫌気的な部位には嫌気性菌も生存しており多様な微生物相が形成されている．

土壌微生物は分解者として土壌中の有機物分解を担っており，その過程で大気，水圏および土壌圏における炭素や窒素などの物質循環に重要な役割を果たしている．具体的には，畑に投入される有機質肥料，堆肥などの粗大有機物，加えて収穫残渣などが，土壌動物や土壌微生物による分解を経て，養分として有効化してくる．そのため，畑土壌の生産性にとって土壌微生物の果たす役割は大きい．

有機物分解は土壌動物と土壌微生物の密接な協力で行われる．土壌動物は有機物を摂食して粉砕することで，その表面積を広げ，その後の土壌微生物による分解を促進する．有機物分解のうち土壌微生物に依存する部分は，土壌動物に依存する部分よりはるかに大きい．有機物分解は，生きている生物体によってのみ行われるのではなく，土壌微生物に由来し土壌に集積している酵素（土壌酵素）によっても行われる．土壌酵素とは，生きている微生物あるいは死んだ微生物の細胞から細胞外に放出された酵素などで，微生物の増殖とは無関係に存在し，その中には粘土鉱物や腐植と結合して安定化しているものもある．また植物細胞由来の土壌酵素も確認されている．これらの土壌酵素には，セルロースを加水分解して低分子化するセルラーゼ，タンパク質を加水分解するプロテアーゼ，リン脂質などを加水分解してリン酸を遊離するホスファターゼなどがある．

窒素は，大気中ではおもに窒素ガス，動植物体ではおもにタンパク質などの有機態窒素化合物，土壌中では有機態窒素化合物のほか，アンモニア態窒素や硝酸態窒素などの無機態窒素の形で存在している．これらの窒素化合物は土壌微生物を介して形態変化を受け，大気-土壌-動植物体を循環している．この循環には，植物の根に共生している根粒菌や土壌中に単独で生活している単生窒素固定微生物が窒素ガスをアンモニアに変換する窒素固定作用，有機態窒素をアンモニウムイオンとして放出する無機化（アンモニア化成）作用，アンモニウムイオンを亜硝酸イオンへ，さらに硝酸イオンに変換する硝化作用，硝酸イオンや亜硝酸イオンを嫌気的な条件下で脱窒菌が還元し，亜酸化窒素や窒素ガスとして放出する脱窒作用などがある．

畑では，微生物分解により土壌有機物のレベルが低下していく傾向にある．そのために，堆肥などの有機物を施用し，土壌生産力の長期的な持続を図る必要がある．土壌中の微生物の量（バイオマス）や活性は，土壌中の有機物含量に非常に強く制限されている．有機物の中でも，微生物によって分解されやすい易分解性有機炭素の量に最も影響を受け，畑土壌に堆肥などの有機物を施用すると，そ

11.1 畑の微生物の多様性と機能

の量に比例して微生物量が増加する．堆肥施用により，どのような微生物が増加するのかは，土着菌の影響と堆肥の種類，質および施用量の影響を受ける．

有機物の供給直後には活発な微生物増殖が起きるが，易分解性有機炭素の消耗にともない微生物は飢餓状態に陥る．餌となる有機物が供給されたときに急激に増殖し，餌がなくなると減少し休止状態になるタイプの微生物は，発酵型微生物とよばれる．一方，餌の少ない土壌中で低濃度の栄養分を少しずつ消費しながらゆっくり増殖を続けるタイプは，土壌固有型微生物とよばれる．発酵型微生物にとっては飢餓状態をいかに乗り切るかが生存戦略として重要であり，耐久生存体として，糸状菌や一部の細菌は胞子を形成したり，菌核，根状菌糸束を作ったりする糸状菌も多い．また細菌の中には，グリコーゲンやポリ-β-ヒドロキシ酪酸などの貯蔵物質を蓄えるものもいる．飢餓状態の間に栄養細胞状態で生存する微生物は，生命活動を支えるのに最低限必要な運動，つまり細胞の浸透圧維持，RNAなどの寿命の短い細胞成分の更新などの維持代謝のみを行いエネルギー消費を抑えている．他方，低栄養条件のみでしか増殖できない低栄養細菌も土壌中には多数存在しており，これらは有機物破片上などに棲息し，低濃度の栄養条件でも栄養細胞の状態で生活している．こうした菌が土壌固有型微生物と考えられている．

土壌微生物の中には根粒菌，アーバスキュラー菌根菌など，植物と共生し生産向上に寄与する微生物や植物生育促進根圏細菌（plant growth promoting rhizobacteria：PGPR）とよばれる植物の生育を促進する機能をもつ根圏細菌も存在する．これら有用菌については第7章と第8章で紹介されている．また，土壌中には有用な微生物ばかりではなく害を及ぼす菌種も存在する．細菌，糸状菌およびウイルスなどによって引き起こされる病害は農業生産に大きな被害をもたらす．病原性微生物については第9章を参照されたい．

土壌の状態を的確に把握するためには，土壌の化学性，物理性および生物性を知ることが重要である．土壌の化学性や物理性には確立された診断項目と診断基準値があり，それらの診断が活用されているが，生物性に関してはいまだ確立された診断項目がない．しかしながら，持続的な農業活動のために，とくに集約的な野菜栽培などにおいてその必要性が高まりつつある．土壌微生物の評価法としては，土壌中の微生物量であるバイオマス，微生物の種類と数，微生物の活性などがあげられるが，明確な診断基準値の設定には時間を要するものと考えられる．

11.2 作物との関係

11.2.1 根圏微生物

根周辺は植物根が土壌と直に接している部位であり，この部位に棲息している土壌微生物は植物から大きな影響を受けている．植物根は土壌中から養分などを吸収する一方，水溶性有機物やムシゲルを分泌し，さらには脱落組織などの有機物を供給する．そのため，根周辺には特有の微生物群集が形成される．植物の根の表面を根面（rhizoplane），根の影響が及ぶ土壌部位を根圏（rhizosphere）といい，その土壌を根圏土壌という．これに対して，植物根から離れた土壌部位を非根圏といい，その土壌を非根圏土壌またはバルク土壌という（図11.1）．また，各部位に生育する微生物は根面微生物，根圏微生物などと称される．植物と微生物との関連については第2章も参照されたい．

11.2.2 連作障害

畑作において同じ作物を何年も続けて栽培すると，収量が低下したり生育が著

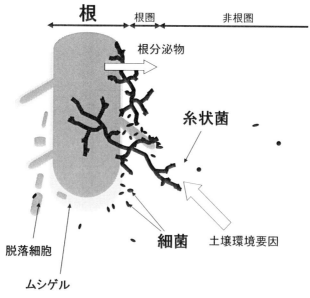

図11.1　植物根圏のイメージ図

11.2 作物との関係

しく阻害されたりすることが古くから知られている．そのため，ヨーロッパの畑作農業では古くから三圃式やノーフォーク農法などの輪作体系が発達してきた．我が国でも以前は多品目栽培が行われていたために，連作障害は深刻な問題とはなっていなかった．しかし，1961年に制定された農業基本法により生産効率と経済性を重視した単一・集約的な畑作方式が広がり，加えて野菜指定産地制度により単一作物の栽培が進んだ結果，連作障害が問題となってきている．連作障害の克服は現代農業における大きな課題である．連作障害は原則として畑状態で連作したすべての作物で起きるとされる．駒田・門間（1989）によると，あらゆる野菜で発生するフザリウム病，アブラナ科の根こぶ病，アブラナ科をはじめとする軟腐病，ナス科の青枯病，ウリ科をはじめとする疫病などが，野菜の連作障害で問題となっている．また，ホウレンソウをはじめとする葉菜類は，雨よけ栽培を含む施設化による周年栽培体系が志向されており，連作障害による生育不安定化などの問題が生じている．

連作障害の原因としては，病害ないし病害らしいものが全体の85%を占め，そのほかの原因には，土壌化学性や土壌物理性の悪化などがある．化学性の悪化は，土壌中におけるリン酸の蓄積，Mgの減少およびKの増加にともなうMg/K比の低下などである．連作障害は土壌伝染性の病害と土壌の化学性の悪化などが相まって生じており，作物栄養条件（素因），土壌環境条件（誘因）および病原菌や植物寄生性線虫（主因）の3者が絡む要因複合型ともいえる．たとえばホウレンソウ萎凋病発病株率が20%以上の多発圃場では，土壌の硝酸態窒素，有効態リン酸の過剰蓄積に加え，K過剰などの土壌化学性の悪化も顕著であった（赤司，1975）．

連作障害の主要因は病害であるが，この背景には，単一作物栽培による土壌微生物相の変化がある．前述のように，作物の根からは特定のアミノ酸や有機物が分泌されたり，根から古い細胞が剥離し土壌中に放出される．収穫後には残渣を鋤き込むことで作物由来の物質が土壌中に放出される．これらの物質は土壌微生物による分解を受けるが，特定の作物を連作した場合には，同一の物質が土壌中に放出されるため，それらの物質を分解する特定の微生物群が増殖することとなる．その結果として，土壌微生物相の単純化が生じる．連作にともなう糸状菌群集構造を見た例では，連輪作体系下における土壌中の糸状菌の種類は，当作付けの作物種の影響を受けるものの，それ以上に前作の影響を受け，輪作畑の糸状菌の種類は連作畑の糸状菌の種類よりも相対的に多様であった．さらに，連作した

陸稲根面の糸状菌のバイオマス量が非連作の陸稲根面の糸状菌バイオマス量よりも増加しているとの報告もある．これらの知見から，土壌や根圏の糸状菌群集構造には前作の残渣に付随した糸状菌が大きく影響し，連作とともに，そのうちの特定の菌株が徐々に集積し，糸状菌の種類構成に偏りが生じると同時に，その菌株を主体として糸状菌バイオマス全体が増加すると推定されている．連作の進んだ土壌においては，Fm/Bm（糸状菌のバイオマス/細菌のバイオマス）値が増大していることから，糸状菌バイオマスが相対的に多い土壌は微生物的に連作の影響が出始めていることの指標になると推察される（西尾，1983）．

このように連作にともなう土壌微生物群集構造の変動として，糸状菌群集構造の偏りと糸状菌バイオマスの増加が基本的に起こる．しかしながら，実際の圃場においては，連作に加え有機物施用や施肥などの各種土壌管理の影響を受けて土壌微生物群集構造は変動する．

松口・新田（1987）は，テンサイ，ジャガイモ，アズキ，春播コムギおよびダイズの連作圃場において，いずれの作物においても連作3年目，5年目の生育中期における根の糸状菌群集構造が連作にともない単純化し，その程度は，連作障害の出にくいジャガイモや春播コムギよりも，連作障害の出やすいテンサイやマメ類で顕著であったことを報告している．さらに，堆きゅう肥の施用は，連作にともなう糸状菌群集構造の単純化を軽減し，糸状菌群集構造の多様性指数が高いほど根重も高くなることを認めた．しかしながら，堆きゅう肥の効果については，近年，連作障害を軽減する機能が過大評価されているとする風潮が強い．これらの風潮や警告は，いずれも用いた堆きゅう肥の品質と施用効果との関係が十分に検討されておらず，この点に関しては今後の検討課題といえる．

連作障害を回避する対策としては，薬剤散布や土壌消毒などの化学的対策や抵抗性品種の導入などによる耕種的対策が中心であるが，基本は輪作体系の導入である．輪作体系の導入により土壌微生物相の単純化を防止することが，連作障害の発生を回避する観点から重要である．

11.3 肥培管理との関係

11.3.1 有機物施用

肥培管理の中で土壌微生物に大きな影響を与えるものとして堆肥をはじめとす

る有機物施用があげられる．畑では微生物による活発な分解により土壌有機物レベルが低下していく．これにともない，土壌有機物からの窒素やリンなどの養分供給能が低下し，陽イオン交換能が高く難分解な腐植物質による土壌団粒形成能や保肥力なども低下する．このため，堆肥などの有機物を施用し土壌生産力の維持をはかることが重要となってくる．これまでの研究において，堆肥などの有機物を施用した土壌の方が化学肥料のみを施用した土壌に比べ，土壌中の微生物量（バイオマス）は増大しているという結果が得られている．

　有機物を施用すると，有機物の種類などによって一様ではないが，一般的には次のような微生物の増減経過をたどることが知られている．最初に資化しやすい糖などを餌にする細菌や，糖糸状菌とよばれる *Pythium* 菌などが増殖する．緑肥など易分解性有機物を多く含む場合には 10 日以内に *Pythium* 菌が激増し，このときに作物根があれば障害を受けることがあり，新鮮有機物を施用した場合は半月以上おいてから作付けをすることが望ましいとされている．次の段階では，ヘミセルロースやセルロースを分解する糸状菌や，それらが分解した低分子の糖を利用する細菌が増殖してくる．最終的に，より分解困難なリグニンなどを分解する糸状菌が増加してくる．

　有機物施用の目的の 1 つとして「土づくり」がある．土づくりとは，土壌の物理性，化学性および生物性を改良して作物の生育に適した土壌環境を整えることにある．その結果として作物が健全に生育し生産量が向上する．土壌の生物性改善としては以下のようなことが考えられる．有機物の分解によって生じた腐植などは，土壌粒子を結合させることで団粒構造を発達させる．この団粒は微生物の棲み処となり，好気性菌は団粒の表面に，嫌気性菌は団粒内部にと棲み分けることで微生物の多様性や活性が維持される．このように微生物群として一定の均衡が保たれることで，特定の病原菌の増殖などを防ぐ効果もある．生物性の改善には有機物施用や微生物資材の施用がおもな方法と考えられるが，物理性や化学性を含めた土壌環境の改善がともなってこそ，その効果が発揮されるものと考えられる．

　土壌の肥沃度は，微生物による有機態窒素の無機化量に大きく依存している．有機物施用は微生物量を高めるが，有機態窒素の無機化量を増やすかどうかは有機物の質に依存する．一般的に C/N 比が 20 以上の有機物（土壌微生物（C/N 比が 6 前後）にとって，炭素に対する窒素の相対量が少ない有機物）では，有機物

分解によって無機化される窒素は微生物の増殖に利用され，土壌中にアンモニア態窒素が放出されないばかりか，作物と微生物との間で無機態窒素の奪い合いが起こり，作物が一時的に窒素不足になる窒素飢餓（nitrogen starvation）が起きることがある．そのため，C/N 比の高い有機物は腐熟させたり窒素肥料を添加するなど C/N 比を 20～30 以下にしてから施用することや，播種は新鮮有機物施用の 1 カ月以上後に行うことが望ましい．

　有機物施用で土壌微生物は増加してくるが，化学肥料だけで栽培を続けると，土壌微生物はどうなるのだろうか．化学肥料だけで栽培を続けても，根からの分泌物，残根および収穫残渣などが土壌微生物に供給される．土壌微生物の量は餌となる有機物量に比例しており，未耕地を開墾したときの畑土壌の有機物量がどのように変化するかみてみると，土壌有機物が蓄積していた土地とそうでない土地とで傾向が異なってくる．有機物が蓄積している森林や草地などが耕起され土壌が好気的になると，微生物の活動が活発になり有機物分解が活発化する．一方，木や草からの植物遺体供給が低下するために土壌有機物レベルは低下するが，畑として作物栽培を継続していけば，有機物を施用しなくても作物残渣などから一定量の有機物の還元があるので，あるところで一定レベルの平衡状態になる．これに対し，もともとの有機物レベルの低い土壌の場合は，化学肥料のみで作物を栽培していっても，作物残渣などから一定量の有機物が還元されるため土壌有機物レベルは上昇し，やがて平衡状態に達する．このように化学肥料だけで栽培した場合に土壌微生物量が減るか否かは，当初の土壌の有機物レベルに依存する．

11.3.2　水分条件

　大気の酸素濃度と同程度の濃度（21%程度）でよく増殖する菌を好気性菌（aerobes）といい，大気の酸素濃度では高すぎ，1%程度の酸素条件を好むものを微好気性菌（microaerophiles）という．酸素濃度がさらに低く，0.2%以下の条件でのみ増殖するものは嫌気性菌（anaerobes）という．また栄養などの条件に対応して，好気的にも嫌気的にも増殖できるものを通性嫌気性菌（facultative anaerobes）という．土壌には，これら 4 タイプの微生物が存在している．また，土壌に存在している糸状菌や原生動物は大部分が好気的であり嫌気的なものは少ない．土壌の酸素条件に影響を与える水分条件は土壌の微生物の増殖や活動に大きな影響を与えていると考えられ，土壌水分の極度な変動は微生物相に大きな影響

を及ぼす．水分の過剰な条件では細菌が主体となり，水分が不足すると糸状菌や放線菌が主体となる傾向にある．また，過剰な水分条件では有機物分解が停止し，有機物が分解されずに蓄積することもある．また，乾湿の繰り返しは有機物分解を促進（乾土効果）するなど，土壌水分は重要な要因である．

一般的に土壌の最大容水量の60%が有機物分解に最も適しているため，各種の有機物分解試験は，この条件下で行われている．最大容水量の60%とは，全孔隙のうちの60%が水分で残りの40%が空気の場合のことであり，この条件で微生物活性が最も高くなる．有機物分解の大部分は好気性菌によるものと考えられる．

11.3.3　土壌 pH

生物は一般的に pH が中性の条件を好み，多くの糸状菌の増殖に適した pH は4～6付近，細菌や放線菌の多くは6～7.5付近でよく増殖する．一方，pH 5以下で増殖できる好酸性菌（acidophiles），pH 9以上で増殖できる好アルカリ性菌（alkaliphiles）も存在する．

我が国の畑地においてアルカリ性の土壌はほとんど認められず，弱酸性から酸性の圃場が多い．これは蒸発散量より降雨量の方が多いために生じるアルカリ性物質の溶脱や，母材である火山灰に含まれている活性アルミナの影響を受けるためである．また，干拓地や泥岩地帯などでは，もともと含まれていたパイライト（硫化鉄）が酸化されて酸性硫酸塩土壌が形成される．このような環境では，イオウ細菌や鉄細菌など酸性を好む微生物が多く生育している．酸性化した土壌では作物生育向上のため石灰などのアルカリ資材を用いた酸度矯正が行われることが多いが，これは土壌微生物にさまざまな影響を及ぼす（表11.1）．

表 11.1　石灰施用が土壌微生物と関連機能に及ぼす影響（Holland *et al.*, 2018）

タイプ	変化	関連反応	生態系機能へのインパクト
バクテリア	増加	有機物分解	プラス：栄養循環
根粒菌	組成変化	栄養素運搬	プラス：栄養循環
糸状菌	減少	難分解性物質の分解	プラス：炭素貯留
菌根菌	pH 5～6までは増加，pH 7以上は減少　組成変化	栄養素運搬	さまざま
病原菌	減少	病気	プラス：病害抑制

降水量の少ない乾燥地では，地中のナトリウムやカリウムなどが土壌水分とともに地表面に移動し，水分の蒸発にともないそれらの炭酸塩が土壌表面に集積しアルカリ性を示す土壌がある．そこには *Bacillus* などの好アルカリ微生物が認められる．農耕地においても石灰などの過剰施用により土壌がアルカリ化する例が，ハウス栽培や家庭菜園を中心に散見される．また，酸性雨などの酸性降下物が降るようになってきているが，土壌には緩衝作用があり，この作用が土壌微生物の棲み処における pH にある程度の恒常性を与えているため，酸性降下物の土壌微生物への影響は，緩衝力の小さな土壌で限定的に認められるだけである．

11.4 温暖化との関係

温室効果ガスには二酸化炭素（CO_2），メタン（CH_4），亜酸化窒素（N_2O）などが含まれている．これらのガスは地表から放射される赤外線エネルギーを吸収し熱として維持する温室効果を示す．呼吸による CO_2 排出はもちろんであるが，土壌微生物は CH_4 や N_2O などの温室効果ガス排出にも大きく関与している．そのため，土壌微生物のはたらきを適切に制御し農業活動にともなう温室効果ガスの削減が必要となってきている．CH_4 については水田が主発生源であり，詳細については第 10 章で記載されているため，本章では N_2O について記載する．

大気中の N_2O 濃度は CH_4 より低いものの分子あたりの熱吸収は大きい（温暖化係数は CO_2 の約 300 倍）ため地球温暖化に大きな影響を有している．さらに成層圏において NO に変化することで，オゾン層破壊の一因にもなっているとともに大気圏の平均寿命が 100 年以上あるため，その発生源の究明と削減対策が早急に求められている．このように地球温暖化やオゾン層破壊などの環境破壊に大きな影響を有している N_2O は，農業現場における不適切な施肥により，その発生が助長されているとの報告がある．

嫌気的条件では脱窒作用の中間産物として，また，好気的条件では独立栄養細菌であるアンモニア酸化菌による硝酸化成の副産物として N_2O が生成される．N_2O の発生は，主として硝化菌と脱窒菌に由来すると考えられているが，農業現場における N_2O 発生は脱窒菌によるものが多いとされている．施肥された窒素により土壌中にアンモニアが増大し，それが硝化されて硝酸イオンになる．この硝酸イオンが酸素濃度の低下した条件で脱窒作用を受け，その際に N_2O が発生する

と考えられる.

　発生抑制の対策としては, 施肥方法の適正化とともに硝化抑制剤や緩効性肥料の利用が有効的とされている. 緩効性肥料は作物の生育に応じて窒素などの肥料成分が供給されるため肥料の利用効率向上につながり, 余剰の窒素が減少するために N_2O 発生が抑制される. また, 有機物の過剰施用や圃場の過湿に起因する微嫌気条件の回避により脱窒を抑制することも重要である. 　　　　　浦嶋泰文

コラム2　堆肥化過程の微生物

　堆肥化とは, わら類などの作物残渣や家畜排泄物といった有機性の廃棄物を微生物の作用により分解し, 農業ではおもに土壌へ施用する有機質肥料として, 植物や環境に害を及ぼさず安全に利用できる状態 (堆肥) へと変換することである. この過程では多種多様な微生物がはたらき, 原料の有機物成分が分解され, その組成が変化するとともに, 微生物群集の構成や存在量に違いが生じる.

　原料となる有機物や堆肥化の方法などの条件の違いにより多少は異なるものの, 一般的な堆肥化過程はおおむね初期, 中期, 後期の3つの段階に分けて考えられる. 初期では, 原料の有機物に含まれる糖類やタンパク質などの易分解性物質が主として好気的に分解され, それにともない増殖する微生物により熱が生成され, 多くの場合60℃以上の高温となる. 続く中期には, 高温下でヘミセルロースやセルロースが好気的および一部嫌気的な分解を受ける. その後温度が徐々に30〜40℃程度へと低下して後期に移行し, 中温条件下でヘミセルロースとセルロースの分解が進行し, さらにリグニンなどの難分解性物質の分解も生じ, 堆肥の腐熟化が進む.

　このような堆肥化の段階的な進行にともない, 微生物群集には遷移が起きる. ここでは, 稲わらを原料として用いた堆肥化における, 微生物群集の構成と存在量の遷移の例を示す. 秋に収穫した稲わらを屋根付きの堆肥舎内に積み上げ, 1月上旬から6月上旬まで145日間かけて堆肥化を行った. 堆積2週間後から約1カ月ごとに計4回の切り返しを行い, 最初の切り返しの際には稲わら1t (風乾物) に対して窒素源として硫酸アンモニウムを10kg添加した. 期間中の温度変化に基づき, 堆肥化過程は高温期 (最高温度66℃:堆積後7〜14日), 中間期 (20〜50℃:堆積後

第11章 畑の微生物の特徴と生産性とのかかわり

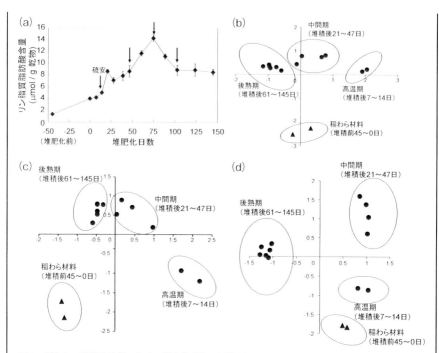

図1 稲わらの堆肥化過程における微生物群集の遷移 (Cahyani et al., 2002；2003；2004 より作成) (a) リン脂質脂肪酸含量に基づく堆肥化過程における微生物（バクテリア・真核生物）の存在量の変化．リン脂質脂肪酸含量は微生物バイオマスの指標となる（第4章参照）．矢印は切り返しの時期を示し，1回目の切り返し時には硫酸アンモニウムを添加した．(b) リン脂質脂肪酸組成の主成分分析により示される微生物（バクテリア・真核生物）群集構成の遷移．(c) 16S rRNA 遺伝子の変性剤濃度勾配ゲル電気泳動解析（第4章参照）により得られたバンドパターンの主成分分析で示されるバクテリア群集構成の遷移．(d) 18S rRNA 遺伝子の変性剤濃度勾配ゲル電気泳動解析により得られたバンドパターンの主成分分析で示される真核生物群集構成の遷移．

21〜47日），後熟期（20〜30℃：堆積後61〜145日）の3段階に分けられ，さらに稲わら材料（堆積前45〜0日）を加えた4段階について微生物群集を解析した．

微生物細胞由来のリン脂質脂肪酸（第4章参照）の定量により評価した群集の存在量は，高温期から中間期の初めにかけて増加し，いったんやや減少した後に，後熟期の堆積後75日目に最大となり，以後は緩やかに減少した（図1a）．群集組成については，リン脂質脂肪酸組成の分析（バクテリアとカビなどの真核生物が対象），バクテリアの16S rRNA 遺伝子あるいは真核生物の18S rRNA 遺伝子をそれぞれ対象とした変性剤濃度勾配ゲル電気泳動法（第4章参照）によるバンドパターンの解

析のどちらの場合でも，稲わら材料，高温期，中間期，後熟期の4段階で菌群構成があきらかに異なり，遷移する様子が認められた（図1b, c, d）．また，各段階に特徴的な菌群は異なっており，バクテリアを例にすると，稲わら材料では α-プロテオバクテリア，高温期では好熱性の *Bacillus* と放線菌，中間期と後熟期では *Cytophaga* と *Clostridium* であり，中温性の *Bacillus* は堆肥化過程を通して存在することが遺伝子配列の解析から推定された．

このように，堆肥化過程は用いる堆肥原料の性質や温度などの環境条件に応じ，それぞれの段階に適応した種々の微生物が増殖し，有機物が分解されることにより進行し，最終的に堆肥ができあがるのである．　　　　　　　　　　　　　浅川　晋

コラム3　有機農法の微生物

2006年12月に「有機農業推進基本法」が可決されるなど，有機農業（有機農法；以下有機と略称）への関心が高まっている．これは化学合成肥料や農薬を使わずに作物を生産する環境負荷低減型の栽培法である．輪作，緑肥，堆肥，有機肥料，微生物農薬などにより作物に肥料成分を供給し病気に対処する．有機農産物の流通量は年間約6万tと農産物全体の0.2%程度を占めるにすぎないが，過去20年間着実に増加している．有機と慣行農産物の品質の違いについてイギリス食品基準庁がとりまとめた結果では，多くの項目で違いはなかったものの，抗酸化能を有するカロテンやフェノール性化合物含量は有機で高い傾向がみられている．我が国でも有機野菜で抗酸化能が高まる傾向が報告されるなど，機能性野菜を生産する点でも有機やその土壌に対する関心が高い．

有機では肥料源として堆肥などの有機物が施用されることが多い．有機物が施用された土壌は，化学肥料のみを施用した土壌に比べて，土壌の有機物含量が高くなり，その結果微生物バイオマスや微生物活性が高くなる．そのため，有機物が施用される有機では一般的に土壌肥沃度が高い．これは，土壌有機物の一部が土壌動物・微生物によって無機化されることで生じる各種の植物養分の供給能力が高くなるからである．

有機の特徴をより明確に捉えるため，堆肥が施用された圃場を中心に農薬の使用

歴の有無で二分し，有機と慣行間で土壌微生物の詳細な比較研究が行われた．大半の圃場で堆肥（牛糞もみがら，豚糞もみがらなど）あるいはぼかし（米ぬか，魚粉など）が施用されていたため，土壌中の全炭素含量に農法間で違いはなく，土壌肥沃度の面では同程度と考えられるものの，有機圃場で有効態リン含量が高く，砂が多く，シルトが少ないという違いもみられた．リン脂質脂肪酸分析より求めた微生物バイオマス，微生物群集構造に両者で差はなく，変性剤濃度勾配ゲル電気泳動（DGGE）法により評価した糸状菌群集構造にも差はなかったことが判明し，有機だからといって，特別な微生物相になるわけではないことがあきらかにされた．次世代シーケンサーを用いて有機水田と慣行水田土壌の細菌相を比較した例でも，存在比が 1% 以上の優占菌群については両者で差がなかったという例がある．ではマイナーな微生物群はどうであろうか．

有機の特徴である化学合成農薬の微生物への影響を考えてみたい．農薬の土壌微生物への影響はきわめて複雑で，Anderson が 1978 年にさまざまな影響をとりまとめている．除草剤，殺菌剤，殺虫剤はそれぞれ標的となる有害生物をかなりピンポイントで制御するため，非標的生物である大半の土壌微生物，動物には影響がないことが多い．一方で，ある種の農薬が根粒菌を直接あるいは根粒形成を阻害する例，殺菌剤が菌根菌の生育を抑制する例，光合成を阻害する除草剤がシアノバクテリアとその光合成活性を抑制する例，多くの除草剤が硝化菌を抑制する例などがあり，微生物農薬と併用できない化学農薬も知られる．特定の微生物に着目すると，農薬により影響を受ける微生物も多く，農薬は程度の差こそあれ土壌微生物に影響を及ぼすと考えられる．

ジャガイモ根部の細菌数を比較した例では，好気性細菌数と放線菌数においては農法間で違いがなかったが，蛍光性 *Pseudomonas* 数は有機で高く，しかも，病原菌に対して抗菌活性を有する比率も高かったため，有機で病害発生が低下する可能性が示唆された．最近の研究例では，ジャガイモの根では有機で作物生育促進効果を有する *Rhizobium* 細菌が増えること，有機栽培イネには病害抑制効果を有する内生細菌が多いことがわかってきた．

次世代シーケンサーを用いて網羅的に細菌相を解析した例では，有機で多様性が低下したが，農薬分解菌としての報告例が多い *Actinobacteria* は有機で少なく，低栄養性の *Acidobacteria*，環境変動に耐性能を有するメンバーを多く含む *Firmicutes*

が有機で多くなったという．理解しやすい結果であるが，土壌機能の面でも興味深い．トマトなど4つの作物を殺菌あるいは非殺菌土壌で栽培し植物体の重量を比較したところ，慣行では非殺菌土壌で重量が低下したのに対し，有機では非殺菌でも殺菌と同様の生育を示したという．つまり，慣行では病原性微生物が生育しやすいと結論された．同様に，有機培土で育苗したイネの苗は慣行培土と比べて病気に強くなる例も知られる．作物生育にプラスにはたらく有用微生物の中には，農薬に感受性の高いものが存在し，それらの生育が慣行では抑制されてしまうため病気に弱くなる可能性がある．

　有機にも弱点がある．作物収量が慣行と比べ概して低いことで，この傾向は微生物活性の低い冬場に顕著となる．有機において生産性を安定して高めることは土壌微生物学者に求められる大きな研究課題である．

豊田剛己

12

森林の微生物

森林土壌の微生物の生態を理解するにあたっては，樹木に多く含まれるリグニン（木質成分）の存在，土壌の酸性度が高いことを草地・農耕地土壌との違いとして認識する必要がある．高い糸状菌（真菌）バイオマス，樹木と共生する微生物の存在，二次代謝の複雑さ，分解酵素の多様さに森林の土壌微生物の特徴がある．

12.1 森林微生物の多様性と機能

森林土壌約 1 g には 1 μm サイズの細菌（バクテリア）が数千万〜数十億個体，藻類は数万個体が存在する．糸状菌（菌類，カビやキノコを含む）の個体数は計測困難だが，直径 3〜50 μm の菌糸の長さを足しあわせると，土壌 1 cm³ 中に数百 m〜数 km にもなる．表層土壌（A 層）中の炭素含量は数％から 20％ ぐらいまでの幅をもつが，土壌微生物バイオマスはその数％に相当する（100〜1000 mgC/kg soil）．深さ 1 m までの土壌中に存在する微生物バイオマスは，1 ha あたり数 t（乾燥重量）にもなる．微生物バイオマスは土壌炭素含量や根量（基質量）の鉛直分布と比例し，表層から下層へと減少する．微生物バイオマスは，温度・水分条件，易分解性有機物の可給性（基質量）に強く依存するが，そのほかにも，窒素・リンの可給性，酸性度，酸素可給性など環境ストレスにも影響を受ける．

森林土壌では耕地，草地土壌と比較して，糸状菌バイオマスが高い傾向がある．土壌微生物は分解者であると同時に，そのバイオマスは，増殖・代謝回転にともなう養分のシンク・ソースとしても機能している．バクテリアの世代時間は数時間から数日であるのに対し，糸状菌の世代時間はより長い傾向がある．また，糸状菌の活性部位は菌糸先端であり，活性とバイオマスは必ずしも比例しない．広く伸びた菌糸によって獲得した水分や養分を転流できるために，糸状菌は細菌よ

りも乾燥や養分欠乏に対する耐性が強い. 微生物は基質が制限されると休眠体(耐久体) となり, 細菌の場合は内生胞子を母細胞内に形成し, 糸状菌の場合は厚膜胞子あるいは菌核を形成し, 液胞などに蓄積した貯蔵物質によって生存する（二井・肘井, 2000).

糸状菌は, 有性生殖によって子嚢の中に胞子を作る子嚢菌, 有性生殖によって胞子を担子器（キノコ）上に作る担子菌, 不完全菌類などに分けられる. これとは別に, 養分獲得様式の違いによって糸状菌は腐生菌（saprotrophic fungi）, 菌根菌（mycorrhizal fungi）に分けられる. さらに, 腐生菌は棲み処および基質の違いから, 木材腐朽菌（wood-rotting fungi）, リター分解菌（litter-decomposing fungi）, 土壌腐生菌（soil-inhabiting fungi）に分けられる.

12.1.1 腐生菌

木材腐朽菌は木材をおもに分解し, 分解様式の違いから白色腐朽菌（white-rot fungi）, 褐色腐朽菌（brown-rot fungi）, 軟腐朽菌（soft-rot fungi）に分けられる.

白色腐朽菌は, 後述するペルオキシダーゼによってリグニンを効率よく分解し, 腐朽材が相対的に白く見えることに由来している. 白色腐朽菌は, 担子菌の中でもハラタケ目（*Agaricales*；シイタケ, ナメコ, エノキタケなど）, タマチョレイタケ目（*Polyporales*；マイタケなど）の一部に限定される.

褐色腐朽菌は, セルロースを選択的に分解し, 腐朽材は褐色を呈することが知られる. 鉄を介したフェントン反応（$Fe^{2+} + H_2O_2 \rightarrow Fe^{3+} + OH^{\cdot} + OH^{-}$）によって生じたヒドロキシルラジカルによって, セルロースの加水分解反応が進むと考えられている. スギやヒノキなど針葉樹の分解者に褐色腐朽菌が多い. 褐色腐朽菌もまた担子菌であり, 系統樹上では白色腐朽菌から分岐して発生している.

軟腐朽菌は, 高含水率の木材の表面に軟化現象（軟腐朽）を起こさせる子嚢菌や不完全菌の仲間である. ケタマカビやトリコデルマなどが知られている.

リター分解菌は, リター（枯死した枝葉）を棲み処・基質として利用する菌類の総称である. リター中にも腐朽材同様にリグニンが含まれるため, セルロースを獲得するためにはリグニンの除去が必要となる. 木材腐朽菌と比較すると選択的なリグニン分解能力をもつものは少ないが, 一定程度のリグニン分解活性を示す（大園, 2007). たとえば, ブナのリターには落葉以前から内生菌（クロサイワイタケ科の子嚢菌類）が棲み付き, 初期の分解を担う. 易分解性基質が減耗した

分解後期には，クヌギタケ属などの担子菌類が優占する（深澤・大園，2011）．

　土壌腐生菌の多様性はきわめて高く，メタゲノム解析によればフザリウム属，トリコデルマ属，クリプトコッカス属，ペニシリウム属，アスペルギルス属，などの多くの糸状菌がわかっている一方で，未同定で機能的にも不明な糸状菌が土壌中の微生物群集の主要な割合を占めることが報告されている（Gams, 2007；Toju et al., 2016）．木材腐朽菌，リター分解菌も基質のない条件では土壌中に胞子あるいは菌糸として存在する．リター層や腐朽材と比較すると，土壌中は乾燥しにくいため，乾燥耐性の低い菌類が増殖できる．また，基質の C/N 比が比較的低い，土壌コロイド近傍における pH の変化，酵素の吸着，新鮮リターよりも複雑な化学構造をもつ基質（腐植物質）といった鉱質土壌に特有の影響を受ける．土壌腐生菌や細菌には地理的に普遍的に分布するコスモポリタンが多く，環境条件によって分布が規定されると考えられてきたが，地理的な偏在も報告されている（Foissner, 2006）．植物根に寄生し，病害の原因となるものもある（リゾクトニア属など）．

12.1.2　菌根菌

　菌根菌は腐生菌とは異なり，エネルギー源をおもに樹木根を通した光合成産物（おもにブドウ糖）の供給に依存する栄養獲得形態から寄生菌に位置付けられる．形態によってアーバスキュラー菌根（arbuscular mycorrhiza），外生菌根，内外生菌根，ツツジ科低木（ヒースなど）に共生するエリコイド菌根，腐生植物ランに共生するラン菌根などに分けられる．菌根形成は植生条件に加えて環境条件にも依存し，栄養条件のよい場合には菌根形成が限定的である．菌根菌に共通する特性は菌糸のネットワークにあり，植物根よりも表面積が広いために水や低濃度の無機栄養成分（特にリン）を効率よく吸収し樹木根に供給できる．

　菌根菌の中で外生菌根菌（ectomycorrhizal fungi）は，細根の表面を覆う菌糸組織である菌鞘（菌套，マントル，fungal sheath），根の皮層細胞間隙を縫って薄層状に発達する菌糸体であるハルティヒ・ネットとよばれる特異な構造を有する（図 12.1）．堆積有機物層にルートマットの発達した森林では菌根菌バイオマスの割合が高く，微生物バイオマスのうち 3 割程度を占めるという報告がある．菌根菌バイオマスのうち 3 割程度は根内部，残り 7 割は外部へ菌糸を伸ばしている（Wallander et al., 2001）．植物細胞内部への菌糸の侵入がない点で，根の細胞内

12.1 森林微生物の多様性と機能

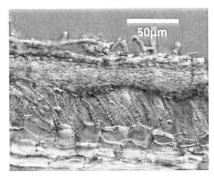

図12.1 コナラの根に感染した外生菌根菌ツチグリ（山中高史博士提供）根の表面は菌糸の層（菌套：マントル）に覆われる．根の外縁部の細胞の間に菌糸が侵入して細胞を包み，ハルティヒ・ネットを形成する．細胞内へは菌糸は侵入していない（口絵参照）．

に菌糸が侵入するアーバスキュラー菌根とは異なる．外生菌根菌は担子菌類や子嚢菌類に属し，多くが子実体としてキノコを形成する．マツ科，ブナ科，フタバガキ科などの特定のグループの樹木根においてのみ外生菌根を形成する．ベニタケ科，フウセンタケ科，イグチ科，キシメジ科などの担子菌に多く，シーノコッカム属のような子嚢菌にもみられる（Buée et al., 2009）．アカマツ林にみられるマツタケ（キシメジ科）のように，宿主特異性が高い傾向がある．一方，スギやヒノキなどほかの森林植生の多くはアーバスキュラー菌根を形成する．

外生菌根菌は宿主（樹木）からブドウ糖を受け取る一方で，菌糸から酵素を放出して有機物の分解を促進する機能を有する（ただし，白色腐朽菌のような高度なリグニン分解機能は有していない）．また，菌糸からクエン酸などの低分子有機酸を放出して鉱物風化を促進するはたらきを有し，「岩を食べるキノコ（rock-eating fungi）」とよばれる．北方林の針葉樹林下の砂質母材条件では，ポドゾル溶脱層の発達が促進される（Jongmans et al., 1997）．外生菌根菌は，土壌・植物細胞を結ぶ菌糸のネットワークによって宿主に養分を供給している．外生菌根性の樹木の植林においては，菌根接種によって樹木の生長が促進されることが知られている．菌根菌と植物の共生関係は古く，アーバスキュラー菌根は植物が陸上進出した約4億6000万年前にはすでに存在し，外生菌根も約5000万年前には存在したことが確認されている．

12.1.3 微生物バイオマス，種類に及ぼす土壌環境要因の影響

堆積有機物層（O層：炭素含量20%以上），鉱質土壌層（炭素含量20%以下）では微生物叢は大きく異なる．C/N比は基質によって大きく異なり，腐朽材のC/N比は数百，落葉落枝（リター，litter）は50〜100，O層のC/N比は20であり，表層土壌では10前後，深さとともに6程度まで低下する．腐朽菌はC/N比の高い腐朽材，腐生菌はリター層でそれぞれ卓越するが，細菌も共存する．

森林は湿潤気候下に成立する性格上，土壌は酸性を示すことが多い（水抽出の土壌水pHで4〜6）．酸性条件では微生物の活性が低下しやすい．酸性条件では体内に侵入する水素イオン（H^+）を排出するために維持呼吸を多く要すること，アルミニウムイオン（Al^{3+}）の毒性，リン酸塩の溶解度低下が増殖を制限する．単細胞生物である細菌の酸性ストレス耐性が低く，多細胞生物である糸状菌（カビやキノコ）は耐性が高い傾向にある．

有機物を多く含む表層土壌（O層やA層）では乾湿変動（乾燥・湿潤のサイクル）が激しく，乾燥ストレス耐性の強い糸状菌が表層に多く分布する．下層土壌では水分含量の変動幅が小さいものの，地下水位の上昇によって酸素の可給性が著しく低下することがあるため（水中の酸素の拡散速度は空気中の約1万分の1となる），細菌が卓越する．土壌内部で有機物，粘土，砂が1つの集合体となった数mmサイズの団粒の内部・外部においても同様の現象が見られ，乾燥と湿潤が交互する団粒表面では糸状菌および好気性細菌，団粒内部には嫌気性細菌が優占する．景観スケールでは，乾燥しやすい斜面上部，湿潤になりやすい斜面下部・河畔域においても同様の関係がみられる．

12.1.4 有機物の分解プロセス—分解酵素系—

多くの従属栄養性の微生物は有機物を電子供与体とし，二酸化炭素にすることでエネルギーを得ている．これを微生物の側からは従属呼吸とよぶが，結果として，生態系スケールでは有機物の分解，無機化が進行する．森林のリターの中には可溶性の糖，不溶性のリグニン，（ヘミ）セルロースが含まれる．セルロースおよびヘミセルロースは作物などでは90%を占めるが，森林のリターでは50%程度であり，リグニンが20〜40%を占める．植物の細胞壁骨格を形成するセルロースはグルコースがβ-1,4-グルコシド結合によって直鎖的に重合した多糖であり，リグニンは三次元・ヘテロな構造をもつ芳香族化合物である．セルロースのうち半

分は単独で存在するが，残りはリグニンが沈着したリグノセルロースとして存在するため（共有結合），セルラーゼはリグニンの除去なしにはたらくことができない．

　土壌中の酵素反応においては，1種類の酵素が1種類の基質の分解反応を触媒するという単純な系ではなく，複数の酵素，基質が複雑に反応する分解酵素系としてはたらくと考えられている．微生物の細胞膜は溶存態の成分しか吸収することができないため，有機物の分解は，細胞外酵素による不溶性成分（セルロース，リグニン）の可溶化（脱重合化）と低分子化された溶存成分の微生物による吸収，無機化という複数の段階からなる．多くの場合，細胞外酵素による可溶化が律速段階となる．

　森林ではリター分解は多くの場合，リグニン分解が律速段階となり，リグニン濃度が高くN濃度が低いリターほど分解は遅い．リター分解の初期段階では成長の速い微生物（細菌および糸状菌）が優占し，易分解性の可溶性の糖やセルロースを利用する．それらの基質が減少するとともに微生物の群集組成は変化し，成長が遅いものの難分解性有機物（リグニン，リグノセルロース）を利用できる糸状菌が優占する．時間とともにリターの有機物成分だけでなく，リター中の環境変化（酸性化，窒素・リンの濃縮あるいは減少）も微生物群集組成・機能の変化を促す．分解初期段階では易分解性の可溶性の糖，セルロースの選択的な利用によって相対的にリグニン含量が増加する現象がみられるが，分解中期・後期段階ではセルロースとリグニンはほぼ等比率で減少する．これはリグニンを除去することでセルロースを利用していること，セルロース分解で発生したエネルギーおよび過酸化水素をリグニン分解に利用していることによって説明される．

　微生物バイオマスの高い表層土壌で酵素活性は高く，酵素生産および活性は深さ（基質量）とともに減少する．酵素活性は，酵素そのもののもつ特性（至適pH，温度・水分条件，活性化エネルギー）に加えて環境条件（pH，温度・水分条件），基質条件（吸着，阻害）に影響を受け，分解速度が決定される．主要な酵素のはたらきは以下の通りである．

a. セルロース分解

　糸状菌，好気性細菌，嫌気性細菌など多くの微生物がセルロース分解酵素（セルラーゼ）を生産し，セルロースを分解できる．セルラーゼはセルロースのβ-1,4-グルコシド結合の加水分解反応を触媒する．セルラーゼには，おもに3つの酵

素が関与する．エンド-β-1, 4-グルカナーゼはセルロース鎖のグルコシド結合を
ランダムに切断しオリゴ糖を生産する．セロビオヒドロラーゼはセルロース末端
からセロビオースやグルコースを切り離す．セロビオースなどオリゴ糖の非還元
末端からグルコースを遊離するβ-1, 4-グルコシダーゼが代表的である．不溶性の
セルロースに対して細胞外酵素としてはたらくが，糸状菌の場合，酵素は外部へ
放出されるかあるいは細胞表面に存在してはたらく．細菌のセルラーゼは細胞表
面に結合しており，基質と細胞が接触した状態で分解が進む．糸状菌がより速く
分解できるが，糸状菌と細菌の共存には相乗効果があることが知られている．お
もなセルラーゼの至適 pH は 5.5 であり，分解活性は pH 5.5 以下の酸性条件で低
下する．なお，セルロース $(C_6H_{12}O_6)_n$ の中でも重合度 $n = 1000$（木材）〜1 万（綿）
は幅広く，セルラーゼによる分解特性は異なる（Deng and Tabatabai, 1994）．

b. リグニン分解

リグニン分解には，①セルロースやグルコースのようなエネルギー源が必要と
なる（リグニンはエネルギー源とならない），②セルロースの分解が加水分解反応
であるのに対し，リグニンの分解には β-O-4 結合（芳香族モノマーの主要結合形
態）の切断，芳香環の開裂など酸化分解反応が必要となる，③高 C/N 比条件（N
欠乏）における糸状菌の二次代謝活性として発現する，④リグニンは不溶性でヘ
テロな三次元構造を有しており，細胞外酵素が必須となる（片山他, 2002）．

リグニン分解酵素には，リグニンペルオキシダーゼ（lignin peroxidase：LiP），
マンガンペルオキシダーゼ（manganese peroxidase：MnP）のような酸化力の強
いものから，ラッカーゼ（laccase）のようなフェノールオキシダーゼまでを含む．
この中でリグニンペルオキシダーゼの生産は腐朽菌のみに確認されている．LiP
の至適 pH 3.0 は MnP 4.5 とラッカーゼ 5.7 よりも低く，高い酸化還元力を得られ
る酸性条件に適応して進化したと考えられている．MnP，ラッカーゼは幅広い糸
状菌を生産することができ，腐朽材に限らず森林の堆積有機物層で広く検出され
ている（Fujii *et al.*, 2013）．

リグニン分解酵素はサイズが大きくリグニンの構造内部に直接侵入できないた
め，LiP の場合はベラトリルアルコールやカチオンラジカルなどが媒介し酸化反
応が進む．高い酸化力によって非フェノール性部位も酸化できる．MnP の場合は
シュウ酸（あるいはマロン酸）によってキレート化された Mn^{3+} が媒介し酸化反
応が進む．おもにフェノール性部位を酸化する（Hofrichter, 2002）．

リグニンの可溶化によって放出された芳香族化合物は溶存有機物の一部となる．溶存成分のうち低分子化合物はすみやかに微生物に利用されるが，芳香族化合物の一部は分解性が低いために溶脱・吸着し，土壌有機物を構成する．

c. タンパク質の分解

タンパク質はアミノ酸が重合したものであり，プロテアーゼ（キナーゼなど）によって加水分解反応（脱重合）が触媒され低分子アミノ酸が生成される．水溶性となったアミノ酸は微生物に吸収され，代謝回路に組み込まれる．微生物が増殖できる条件（利用可能な炭素基質が十分に存在する環境条件）では同化（不動化，assimilation）が卓越し，微生物体内に取り込まれた窒素はバイオマスの増殖に用いられる．プロテアーゼ活性は，利用できる炭素基質に対して窒素源が不足する条件（高 C/N 比条件）で高まる．微生物体内のアミノ酸代謝は，低 C/N 比条件では脱アミノ化によってアンモニアが生成される．代謝経路末端では，アルギナーゼがアルギニンの分解反応を触媒し，オルニチンと尿素を生成する．さらに，ウレアーゼは尿素の分解反応を触媒し，アンモニアと二酸化炭素を生成する．アルギナーゼ，ウレアーゼはほとんどの微生物に存在し，過剰な窒素の排出を担う．

12.2 物質循環

12.2.1 炭素循環

土壌有機物の蓄積量は有機物（おもに植物遺体）の供給量と分解量とのバランスによって決まる．土壌では，植物遺体は微生物による分解を受け，その一部は微生物の死菌体および代謝産物へと変換された後，重合，化学変化，金属イオンとの錯体形成を経て，腐植物質とよばれる複雑な高分子化合物となる．全球スケールでは，陸域生態系において，表層 1 m の土壌中には 1555 GtC が有機物として存在し，その量は大気中の炭素量の約 2 倍，植物バイオマスの炭素量の約 3 倍に相当する（Lal, 2008）．

温帯林を例に考えると，1 ha あたりの地上部バイオマスは炭素ベースで約 100 t であり，年間の落葉落枝量（リターフォール量）は 2 t に相当する．堆積有機物量はおよそ 4 t ほどであるから，見た目の代謝回転は 2 年である．表層 30 cm までの土壌中の炭素蓄積量は 30 t であり，微生物バイオマスはそのうち数％の 1 t ほ

どを占める．細菌であれば数日，糸状菌であれば数週間から数カ月の世代時間で入れかわりながら微生物バイオマスが維持される．年間の根リターを2tとすればリターフォール量とあわせた土壌への炭素供給量は4tとなり，供給量と分解量が釣り合う定常状態では，炭素ベースで4tに相当する有機物が微生物によってCO₂に分解される．根呼吸にともなうCO₂放出量の数tが加わり，その合計が土壌呼吸によるCO₂放出量となる．炭素供給量のうち，数%が土壌有機物となる．なお，日本に広く分布する非晶質粘土鉱物（アロフェンなど）を含む火山灰土壌では，吸着によって溶液中の炭素基質濃度が低下し，微生物の利用性が低下するために炭素蓄積量は高くなる（藤井，2015）．

a. 気候条件の影響

土壌微生物呼吸は温度，水分条件に依存し，温暖湿潤条件で微生物の活性が高まる．その関係はアレニウス則に従うと仮定し，次式で表される．

$$k = A \times \exp\left(\frac{-Ea}{RT}\right)$$

ここでkは反応速度定数，Aは定数，Eaは活性化エネルギー（J/mol），Tは温度（K），Rは気体定数（8.314 J/K/mol）である．

明瞭な乾季・雨季をもつモンスーン気候下では微生物呼吸は水分に強く依存し，乾燥条件（あるいは過湿条件）では有機物分解が抑制される．適潤条件では微生物活性は温度と相関し，温度が10℃上昇したときの微生物呼吸速度の比（温度依存性Q_{10}）は2～6が報告されている（von Lützow and Kögel-Knabner, 2009）．温度依存性は基質によって異なり，難分解性の高分子化合物ほど温度依存性が高い．細胞外酵素による高分子化合物の分解活性が高温でとくに高まることは，夏季の微生物呼吸速度が増加する理由であり，熱帯林で温帯林よりもリターがすみやかに分解される一因でもある．

O層は分解程度によってL層，F層，H層（Lはlitter，Fはfermentation，Hはhumusに由来；Oi, Oe, Oa層と対応）に分けられる．堆積様式の違いによって，F層・H層が分厚く堆積したモル型（mor）＞モーダー型（morder）＞L層のみからなるムル型（mull）がある．ムル型，モーダー型は有機物の供給に対して分解が遅い冷温帯林に多くみられ，ムル型は有機物の分解の速い暖温帯林，熱帯林に多くみられる．ミミズやヤスデなどが有機物を破砕することによって表面積が増加し微生物による利用性が高まるため，ムル型のO層と厚いA層を形成しやす

い．熱帯林に多いシロアリは腸内細菌のセルラーゼと腸内の嫌気性細菌の発酵によってリター分解を促進できる．摂食しにくい針葉樹リター，酸性条件では土壌動物の活動や種類が抑制され，モル型あるいはモーダー型のO層が発達しやすい．

b. 土壌炭素蓄積量の変動予測

気候条件に加えて，微生物バイオマスおよび活性は基質量（落葉落枝および枯死根の供給量）の制約を受ける．CenturyモデルやRoth-Cモデルのような炭素動態モデルでは，基質量が時間とともに減少する反応は一次反応則（反応速度は基質濃度に比例する）に従うと仮定して予測される．

$$A_r = A_0 e^{-kt}$$

ここでA_tは時間tにおける基質残存量，A_0は時間0における基質残存量，kは分解速度定数である．半減期は$t_{1/2} = \ln 2/k = 0.693/k$として求められる．土壌有機物は半減期の異なるいくつかのプールからなり，一次反応式に従って減少する．反応速度は基質の分解しやすさ，温度，水分条件によって変動する．

有機物の分解にかかわる微生物代謝プロセスでは，酵素反応速度は基質濃度に依存すると仮定されるが（一次反応則），基質量が十分にある場合には微生物の分解能力（V_{max}）によっても制約を受ける．この関係はミカエリス・メンテン式によって記述される．

$$V = \frac{V_{max} \times C}{K_M + C}$$

ここでVは無機化速度（nmol/g/時），Cは基質濃度（μmol），V_{max}（nmol/g/時），K_Mは$1/2V_{max}$の濃度（μmol）である．

c. ホットスポット

根近傍（根圏）において根や菌根菌によって放出されたクエン酸などの有機酸，オリゴ糖などが高濃度で存在することによって微生物が増殖し，分解活性が高まる．同様に，植物遺体内部の残渣圏（detritusphere）では，高い基質濃度，養分可給性によって微生物の活性が高まることが知られている（Poll *et al.*, 2008）．易分解性有機物の供給によって微生物バイオマスが増殖することで，古い土壌有機物の分解が促進あるいは遅滞する現象（プライミング効果，priming effect）も知られている．

12.2.2　窒素，リン循環

a. 有機態窒素の無機化

微生物のC/N比は細菌で4，糸状菌で7前後となる．このため，微生物バイオマスの増加にはこの比率での窒素の獲得が必要となる．この原則をストイキオメトリーとよぶ．微生物の増殖に利用可能な炭素基質が十分に存在する環境条件では同化（資化）が卓越し，微生物体内に取り込まれた窒素はバイオマスの増殖に用いられる．微生物体からの窒素放出は制限されるため，植物の生産量が窒素によって制限を受ける現象（窒素制限，耕地なら窒素飢餓）が知られている．温帯林，亜寒帯林ではN無機化速度が低く，純一次生産量が制限される．これに対し，C/N比の低い基質（微生物の死骸など）が供給された場合，微生物による無機化が卓越する．この場合，余剰のNが土壌溶液へと放出される（Schimel and Weintraub, 2003）．

b. 硝化，脱窒

硝化（硝酸化成）の基質となるアンモニアは，酸性土壌ではアンモニア態ではなくアンモニウムイオン（NH_4^+）として存在する．硝化細菌は酸性条件に弱く，アンモニウムイオンの吸収は吸熱反応であるため，独立栄養の硝化は抑制されやすい．この場合，アーキアや従属栄養微生物（糸状菌）による硝化が卓越する．糸状菌の場合，ペルオキシダーゼの酸化反応による副産物として硝酸イオンが生成される．流域スケールでは酸性・乾燥土壌の広がる斜面上部では硝化細菌が少なく硝化は抑制され，湿潤な斜面下部では硝化が活発となる．硝化速度の律速要因はNH_4^+供給速度よりも硝化を担う微生物群集の有無である（Kemitt *et al.*, 2006）．

渓流水の硝酸イオン濃度が低く維持される要因として脱窒プロセスが重要となる．下層土壌や河畔域では脱窒が盛んである．脱窒反応は従属栄養微生物による反応であるため炭素源を必要とする．窒素降下物の増加や森林植生による硝酸イオン吸収の低下によって硝酸イオンの溶脱が増加する条件（この現象を窒素飽和とよぶ）では，炭素源の欠乏によって硝酸イオンの溶脱が脱窒を上回る場合もある．

c. リン循環

土壌中の有機態リンには，大部分を占めるイノシトールリン酸，微生物・動植物の細胞に由来する核酸（DNA，RNA），細胞膜を構成するリン脂質などが含まれる．森林土壌では，微生物や植物根から分泌される加水分解酵素（フォスファ

ターゼ）が不溶性のPを水溶性の無機態リンへと低分子化することで無機化が進む．土壌溶液中へ放出された無機態リン（リン酸イオン）は土壌固相（おもにアルミニウムや鉄の酸化物・水酸化物）への吸着と微生物の吸収の間で競合する．植物によるリン吸収経路は窒素のマスフローとは異なり，濃度勾配に依存した拡散によって制御される．アーバスキュラー菌根や外生菌根は拡散によって低濃度でもリンを吸収することができる．また，外生菌根についてはキレート作用をもつ低分子有機酸を菌糸から放出し，酸化物，水酸化物と結合し不溶化した無機態リンの可溶化を促進する．

12.2.3 気候，植物との相互作用

a. 地球史における微生物

樹木が被食防御のためにリグニンを発達させた約3億年前，キノコに分解酵素系が存在しなかったために泥炭形成（石炭蓄積）が加速し，大気中の二酸化炭素濃度が低下したとされる．一方，約2億5000万年前，白色腐朽菌のリグニン分解酵素系が発達したことによって泥炭の蓄積と地球史上最大の石炭蓄積時代（石炭紀）が終焉したと考えられている（Floudas *et al.*, 2012）．現在では，植物による光合成と微生物による有機物分解が釣り合うことによって，大気中の二酸化炭素濃度が定常に維持されている．

b. 気候変動の影響

温暖化が微生物の分解活性のみを変化させた場合，温暖化は土壌有機物の分解を増加させ，増加したCO_2がさらなる温暖化を促進する正のフィードバックを引き起こすことが予測モデルによって推定されている．とくに，凍土や泥炭が広く分布する北極圏では温度上昇幅が大きいために，微生物による有機物分解，土壌からのCO_2放出量に対する温暖化影響も大きい．ただし，前述のように微生物の活性は温度条件だけでなく，水分条件，基質供給量の変化にも依存する．短期的な微生物生態プロセス（微生物組成，機能の温度依存性，窒素・リン要求量）は，長期的な生態系プロセス（一次生産量，基質供給量，植生遷移，土壌生成，土地利用変化）とはスケールや解像度において大きく異なるが，土壌・陸域生態系の炭素循環とその変動を予測する鍵を握っている．　　　　　　　　藤井一至

13

微生物による環境汚染物質などの分解

　世界で新規に開発・製造される化学物質の数は年々増加の一途をたどっている．2018 年 4 月時点で CAS（chemical abstracts service）登録済の化学物質の数は 1 億 4000 万件を超え，うち工業的に製造・流通している化学物質は 10 万種類ほどと推定されている．こうした化学物質はわれわれの身の回りやさまざまな産業で多面的に利用され，現代社会に不可欠な存在となっている反面，水，土壌，大気に混入すると人間を含めた生物の生存を脅かし，あるいは生態系を撹乱し，地域環境や地球環境に影響を与えるなど，負の側面をもつものも少なくない．

　環境中の微生物はきわめて多様であり，環境への優れた適応性を示すことが知られている．環境に負の影響を与える化学物質のうち有機化合物については，それを分解できる微生物が存在する可能性がある．

　有機化合物の微生物代謝には資化と共代謝（共役代謝）がある．前者は微生物がある物質を唯一の炭素源・エネルギー源として分解し，自らの細胞の増殖と呼吸基質（電子供与体）に利用する．後者では微生物は対象物質を炭素源にもエネルギー源にも利用せず増殖は起きないが，対象物質と構造が似たほかの物質の代謝酵素をもつことで対象物質も代謝される．加えて，嫌気的脱ハロゲン呼吸による分解も知られ，対象物質を呼吸の最終電子受容体として利用する．

　本章では環境に負の影響を与える化学物質の土壌微生物による代謝について，いくつかの有機化合物を例にあげて解説する．

13.1　残留性有機汚染物質（POPs）

　環境中での残留性，生物蓄積性，人や生物への毒性が高く，長距離移動性が懸念される有機化合物を POPs（persistent organic pollutants）とよぶ．POPs は，2004 年に発効した「残留性有機汚染物質に関するストックホルム条約（POPs 条

約）」でその製造および使用の廃絶・制限，排出の削減，廃棄物などの適正処理などが国際的に規制されている．当初，本条約の指定物質は有機塩素系農薬9種類を含む12物質であったが，逐次追加されて2016年末時点で有機ハロゲン系化合物28物質が登録されている．

　有機ハロゲン系化合物のほとんどは人工的な合成物で，天然に存在する有機ハロゲン系化合物は少ない．また有機ハロゲン化合物がもつ炭素-ハロゲンの共有結合は F＞Cl＞Br＞I の順に結合エネルギーが強く，化学的に安定である．

13.1.1　ヘキサクロロシクロヘキサン（HCH）

　HCH（$C_6H_6Cl_6$）の別名はベンゼンヘキサクロリド（BHC）で，α から θ まで8種類のジアステレオマーがある．そのうち γ-HCH はリンデン（あるいはリンダン）とよばれる殺虫剤で，農業現場だけでなく一般家庭でも汎用された．面白いことにほかの異性体には，α 体と δ 体を除きほとんど殺虫力がない．我が国では1960年代に牛乳から高濃度の β-HCH が検出されて大きな社会問題となった．これは，水田へのリンデンの多用がその副生成物である β-HCH の稲わらへの残留を招き，さらにこれを餌とした乳牛から牛乳へと移行したものである．この問題を機に我が国では1971年に本剤の農薬登録が失効し，使用されなくなった．

　γ-HCH は水田土壌や汚泥などの嫌気的条件では脱ハロゲン呼吸により比較的すみやかに分解・消失するが，好気的条件では分解され難い．しかし畑地での10年間以上にわたるリンデン長期連用試験の結果，γ-HCH の土壌中消失速度は徐々に高まることがわかり，ついには γ-HCH を唯一の炭素源として分解可能な好気性細菌 *Sphingomonas*（*Pseudomonas*）*paucimobilis* SS86 株が単離された．

　その後，SS86 のナリジクス酸（グラム陰性細菌に対する抗菌剤）耐性変異株 UT26 株を用いて γ-HCH 分解代謝経路と関連遺伝子群が解明され，γ-HCH 分解は2種類のデハロゲナーゼ（LinA および LinB）による脱塩化水素と加水分解的脱塩素からはじまることが示された（図13.1）．次いで脱水素による 2,5-ジクロロヒドロキノン生成，還元的脱塩素反応，ジオキシゲナーゼが介する環開裂によるマレイル酢酸生成を経て β-ケトアジピン酸に変換され，無機化へと至る．

13.1.2　クロロベンゼン類（CBs）

　CBs のうち6塩素化物のヘキサクロロベンゼン（HeCB, C_6Cl_6）は抗菌剤であ

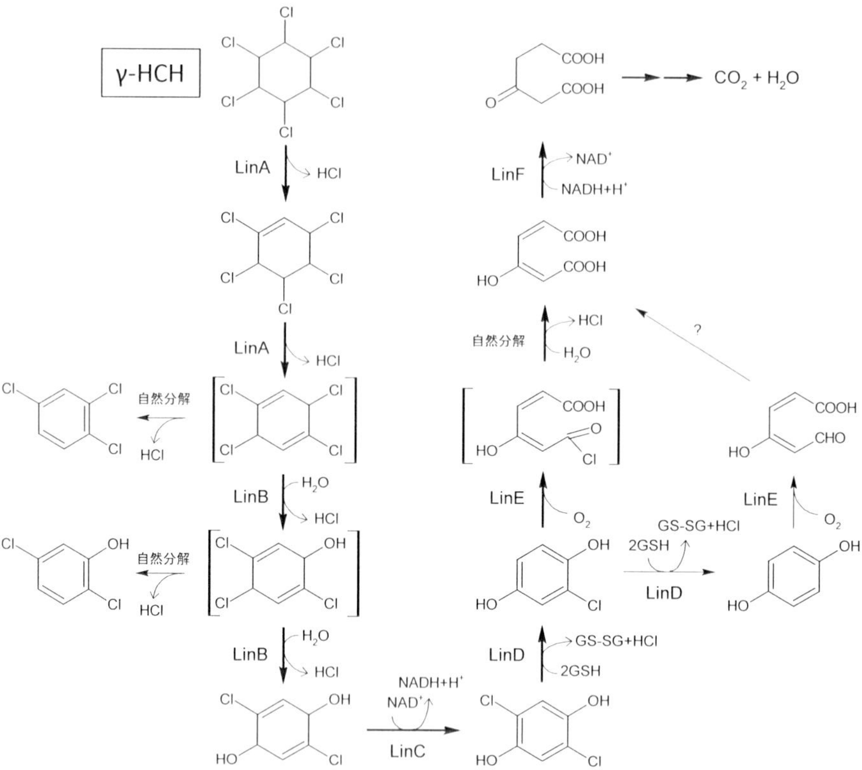

図 13.1 *Sphingomonas paucimobilis* UT26 の γ-HCH 推定分解代謝経路（永田・津田, 2005）．
GSH：グルタチオン（還元型），GS-SG：グルタチオン（酸化型）．

り，5 塩素化物のペンタクロロベンゼン（PeCB, C_6HCl_5）はほかの物質の製造中間体もしくは非意図的生成物（副生成物）である．ともに生物蓄積性と空間移動性が高く，水生生物に対する強い毒性とヒトへの発がん性，肝毒性などを有する．

　高次に塩素化した CBs は，ほかの有機塩素系化合物同様，脱ハロゲン呼吸による嫌気的脱塩素によって微生物分解が進む．河川の底質や汚泥における CBs の分解代謝経路を図 13.2 に示す．このうち，PeCB → 1,2,3,5-TeCB → 1,3,5-トリクロロベンゼン（TrCB）と続く逐次的脱塩素が主要代謝経路である．これらの過程を担う CBs 分解菌が複数単離されており，代謝酵素（クロロベンゼン還元的デハロゲナーゼ）や関連遺伝子の研究が進んでいる．

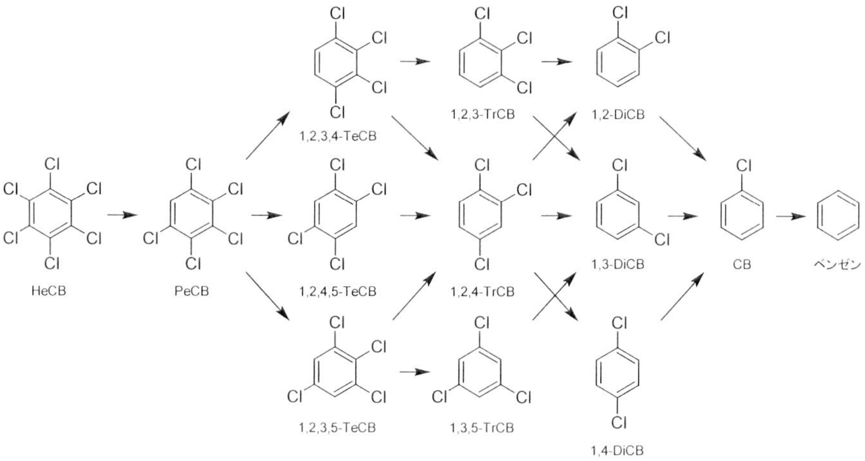

13.1 残留性有機汚染物質（POPs）　　159

Cl
1,2,3,4-TeCB
1,2,3-TrCB
1,2-DiCB
HeCB
PeCB
1,2,4,5-TeCB
1,2,4-TrCB
1,3-DiCB
CB
ベンゼン
1,2,3,5-TeCB
1,3,5-TrCB
1,4-DiCB

図13.2　嫌気的脱ハロゲン呼吸によるクロロベンゼン類（CBs）の代謝

　また，従来から高次 CBs の好気的微生物分解は難しいとされてきたが，比較的水溶解度が高いペンタクロロニトロベンゼン（$C_6Cl_5NO_2$）を唯一の炭素源とした集積培養によって，HeCB 分解菌 *Nocardioides* sp. PD653 株が初めて単離された．^{14}C-HeCB を唯一の C 源として与えると $^{14}CO_2$ が生成することから，本株は HeCB を無機化可能と考えられている．

13.1.3　ドリン系農薬

　ドリン系農薬はその構造から環状ジエン系農薬ともよばれ，1960～1970 年代に畑地や果樹園などで殺虫剤として汎用された．アルドリンは土壌中で容易にエポキシ化してディルドリンに変換され，ディルドリンは嫌気条件下でアルドリンに還元される．またエンドリンはディルドリンの立体異性体である．

　ドリン系農薬は畑土壌などの好気的環境ではきわめて安定で，そのため土壌に長期間残留し，農作物を汚染し続ける可能性がある．たとえば，我が国では農薬登録失効後数十年経った 2000 年以降に，キュウリなどのウリ科作物においてドリン系農薬が食品残留基準値を超えて検出される事例が相次いで発生した．

　ドリン系農薬の微生物分解に関しては，1960 年代後半の数報以降ほとんど報告がなかった．しかし最近，ドリン剤そのものの代わりに 1,2-エポキシシクロヘキサンを用いた集積培養の結果，好気条件でディルドリンおよびエンドリンを唯一

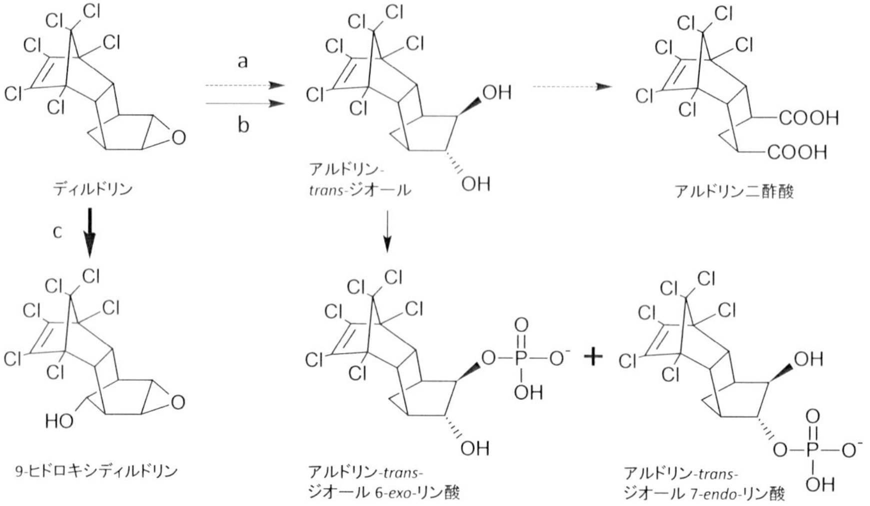

図13.3 各種微生物によるディルドリン分解経路

(a) *Pseudonocardia* sp. KSF27 株 (Sakakibara *et al.*, 2011). (b) *Mucor racemosus* DDF 株 (Kataoka *et al.*, 2010). (c) 木材腐朽菌 YK543 株 (Kamei *et al.*, 2010).

のC源として分解し，生育可能な細菌が見つけられた．さらにエンドスルファン連用畑土壌を微生物源として，ディルドリンを変換可能な好気性細菌（図13.3a）や糸状菌が単離された（図13.3b）．とくに前者は，アルドリン-*trans*-ジオールを炭素源とした集積培養によって得られたという点に特徴がある．これらの菌株は，ヘプタクロールやヘプタクロールエポキシド，エンドスルファンといった多様な難分解性有機塩素系化合物を変換できる特徴をもつ．真菌類ではほかに，ディルドリンを9-ヒドロキシディルドリンへ変換する木材腐朽菌が知られ，これにはモノオキシゲナーゼの関与が示唆されている（図13.3c）．

13.2　揮発性有機塩素化合物

　土壌環境基準の監視対象物質のうち13物質が常温常圧下で揮発性があり大気に放出されやすい揮発性有機化合物（volatile organic compounds：VOCs）で，うち11物質が分子内に塩素を含む揮発性有機塩素化合物である．これら揮発性有機塩素化合物は合成原料，溶剤，脱脂用洗浄剤などとして長年利用されているが，

中枢神経抑制作用や発がん性など，ヒトへの強い毒性も知られている．

環境省によると，VOCs による土壌汚染のうち 2016 年度までの累計で最も多いのはクロロエチレン（クロロエテン）類で，具体的にはテトラクロロエチレン（PCE），トリクロロエチレン（TCE）および *cis*-1,2-ジクロロエチレン（DCE）の順となっている．そのおもな排出源はクリーニング工場や製造業である．

環境中にはこれらクロロエチレン類を好気的，あるいは嫌気的に分解可能な微生物が存在する．好気的微生物分解としては，メタンやエタン，トルエン，フェノールなどの存在下での共代謝がある．エタン分解菌 *Mycobacterium* sp. TA27 株による TCE の共代謝の例では，モノオキシゲナーゼによるエタンの酸化分解にともなって TCE がエポキシ化し，脱塩素後に CO_2，ギ酸，グリオキシル酸に分解される（図 13.4a）．しかしクロラールを経由した副反応で有害なジクロロ酢酸やトリクロロ酢酸，2,2,2-トリクロロエタノールも生成してしまう．

一方，嫌気環境にはクロロエチレン類を分解可能な嫌気性細菌が広く存在する．これらはクロロエチレン類を最終電子受容体とする脱ハロゲン呼吸によって増殖できる（嫌気的脱塩素反応あるいは還元的脱塩素反応とよばれる）．その過程で塩素は水素に逐次的に置換され，最終的にエチレンへと無害化される（図 13.4b）．この際，水素やギ酸，酢酸，ピルビン酸，乳酸などが電子供与体となるため，これらの物質の汚染土壌への添加によって土着分解菌を活性化させ，クロロエチレン類の分解促進を図るバイオスティミュレーションが実用化されている．

なお，PCE → TCE → DCE までの脱塩素は多様な細菌が行うが，DCE 以降の分解過程を担う細菌は現時点で *Dehalococcoides* しか見つかっていない．よって DCE の蓄積が認められる汚染土壌は，*Dehalococcoides* が十分存在しない，あるいはその分解活性が発現できる環境にないと判断できる．こうした現場向けに *Dehalococcoides* を含む微生物資材が開発されており，菌接種によって土壌浄化を促進するバイオオーグメンテーションに利用できる．

13.3 有機フッ素系化合物

有機フッ素系化合物は化学的に安定で熱にも強く，撥水・撥油機能をもつなどの特徴的な性質を示す化合物が多い．そのため，冷蔵庫などの冷媒，撥水・撥油・防汚用スプレー剤，界面活性剤，殺虫剤，油火災用水成膜泡消火薬剤など，幅広

162　第13章　微生物による環境汚染物質などの分解

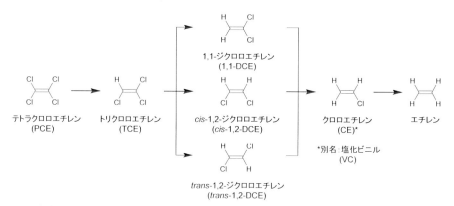

(a) 好気条件での共代謝による脱塩素

(b) 嫌気条件での脱ハロゲン呼吸による逐次的な脱塩素

図13.4　クロロエチレン類の微生物代謝

く利用されている．その反面，オゾン層破壊作用や温室効果を示すクロロフルオロカーボン（CFC）やハイドロクロロフルオロカーボン（HCFC）などのフロン系冷媒についてはその全廃を目指した国際的な取り組みが進んでいるほか，ペルフルオロオクタン酸（PFOA：$C_7F_{15}COOH$）やペルフルオロオクタンスルホン酸（PFOS：$C_8F_{17}SO_3H$）が長期残留性や生物蓄積性，発がん性などの懸念からPOPs

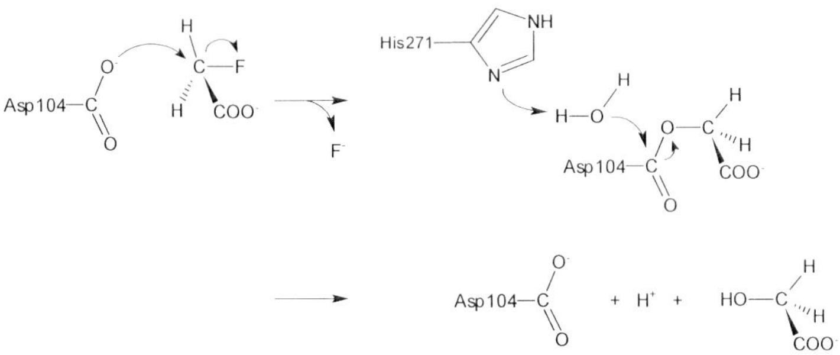

図 13.5 *Burkholderia* sp. FA1 株のフルオロ酢酸デハロゲナーゼによる C-F 結合の切断 (Jitsumori *et al.*, 2009)

に指定されるなど，環境への影響が懸念される化合物も数多く含まれている．

C-F 結合は炭素–ハロゲン結合の中でも最も安定であるが，これを切断可能な好気性微生物が存在する．たとえばかつて殺虫剤として汎用されたモノフルオロ酢酸アミド（CH_2FCONH_2）や Na 塩が殺鼠剤となるモノフルオロ酢酸（CH_2F-COOH）の分解菌は，フルオロ酢酸デハロゲナーゼによる C-F 結合切断とフッ化物イオン（F^-）の遊離，加水分解を経てグリコール酸へと無害化する（図 13.5）．

芳香族系フッ素化合物であるフルオロベンゼン（C_6H_5F）を唯一の炭素源として利用できる細菌も存在する．その代謝経路としては，4-フルオロカテコールを中間代謝物として生成後にベンゼン環がオルト開裂して F^- が遊離する経路と，フルオロベンゼンから直接 F^- を脱離する経路が推定されている．

なお，PFOA や PFOS のような高次フッ素化物はきわめて安定な化合物であり，現在のところ微生物分解については好気的にも嫌気的にも知られていない．

13.4 農　　薬

農薬は作物生産性や品質の向上，労働時間の削減，景観の保護などを目的として意図的に屋外環境に放出される．農地に限らず，都市部でも住宅の敷地や公園，街路樹等の管理のために使用される．よって，既存の農薬にひとたび長期残留性や移動性，顕著な毒性などの問題が見つかると，広範囲かつ低濃度の土壌汚染が発生することになる．本節では現在でも汎用されているいくつかの農薬成分を取り上げて，その使用状況と土壌微生物代謝について述べる．

13.4.1 グリホサート

グリホサートは 1970 年に見出された有機リン系の除草剤成分で，Roundup の主成分として世界 100 カ国以上で販売されている．ほぼすべての植物を枯らす非選択型の薬剤で，農耕地，非農耕地，林地，宅地などのあらゆる雑草管理に用いられる．主たる作用機序は植物体内での 5-エノールピルビルシキミ酸-3-リン酸合成酵素（EPSPS）阻害であり，芳香族アミノ酸を合成するシキミ酸経路が遮断され，ひいてはタンパク質の生合成ができずに植物は枯死に至る．

その後グリホサートの影響を受けない EPSPS が土壌細菌から発見され，この遺伝子の導入によってグリホサート耐性遺伝子組み換え（GM）ダイズが作出された．次いでトウモロコシ，ナタネ，ワタなど，多様なグリホサート耐性 GM 作物が開発され，現在では一部地域を除く世界各地で栽培されている．

グリホサート耐性 GM 作物の普及はグリホサートによる農地の雑草管理を意味する．たとえば米国のグリホサート年間使用量は，グリホサート耐性 GM 作物の商品化直前にあたる 1995 年の約 1 万 8000 t から，2014 年には約 12 万 5000 t にまで飛躍的に増えた．除草剤市場での寡占化も進み，消費された除草剤の 90％以上がグリホサートとなった年もある．その一方，グリホサートの多用はグリホサート抵抗性雑草の出現を招き，その拡大が新たな問題となっている．

グリホサートは水溶性でイオン化しやすいが，施用後はただちに土壌粒子に吸着されて不活化する．土壌中でのグリホサート消失のほとんどは微生物分解による．多様な細菌がグリホサート分解能を示すが，これには共代謝するものとグリホサートを唯一の炭素源あるいは窒素源として利用可能なものが含まれる．2 つの分解経路が知られており（図 13.6），一方はグリホサートオキシドレダクターゼによるアミノメチルリン酸（aminomethyl- phosphonic acid：AMPA）とグリオキシル酸の生成であり，これが主経路である．他方は炭素-リンリアーゼによる C-P 結合の切断で，サルコシンとグリシンが生成する．いずれの経路でも水や二酸化炭素，リン酸イオンなどが最終生成物となる．

最近世界各地の土壌や地下水，河川などで，グリホサートや AMPA が低濃度ながら検出されており，大量使用されたグリホサートの一部が地下浸透や表面流去により流出するためと考えられている．2015 年に WHO 関連組織の国際がん研究機関が「ヒトに対しておそらく発がん性がある」グループにグリホサートを指定し，その長期的な摂取による人畜などへの影響の有無が議論となっている．

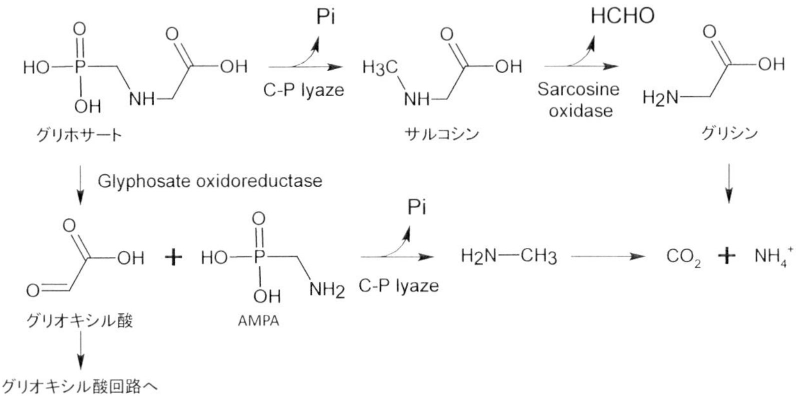

13.4 農 薬 165

Pi
C-P lyase

HCHO
Sarcosine oxidase

グリホサート → サルコシン → グリシン

Glyphosate oxidoreductase

Pi
C-P lyase

グリオキシル酸 ＋ AMPA → H_2N—CH_3 → CO_2 ＋ NH_4^+

グリオキシル酸回路へ

図13.6 グリホサートの微生物代謝（Dick and Quinn, 1995；Liu *et al.*, 1991 より作図）

13.4.2 トリアジン系農薬

　光合成阻害型除草剤であるトリアジン系農薬は，塩素化，メチルチオ化および
メトキシ化トリアジンの3グループに分けられる．うち塩素化トリアジンに属す
るシマジンは「水質汚濁性農薬」とされ，我が国の土壌や地下水，水質汚濁にか
かる環境基準項目にも掲げられている．またアトラジンは発がん性や内分泌撹乱
作用が疑われ，EUでは販売と使用が禁止された．これらトリアジン系農薬は土
壌残留性が比較的高く，また土壌から地下水に移行しやすい性質をもつ．

　塩素化トリアジン微生物分解については好気性のアトラジン分解菌 *Pseudomo-
nas* sp. ADP 株を中心によく研究されている（図13.7）．アトラジンの微生物分解
はまずアトラジンクロロヒドラーゼ（Atz）A が触媒する脱塩素によるヒドロキ
シ体生成からはじまり，次いで AtzB の作用でエチルアミノ基が脱離して N-イソ
プロピルアメリドに，さらに AtzC によってイソプロピルアミノ基が脱離してシ
アヌル酸に変換される．シアヌル酸以降は AtzD，AtzE，AtzF が順に作用して
ビウレット，アロファン酸を経て尿素へと至る．ここで分解微生物は塩素化トリ
アジンを炭素源あるいは窒素源，もしくはその両方として利用する．

　アジアではメチルチオ化トリアジンが水田の広葉雑草用の除草剤として使用さ
れている．塩素化トリアジン分解菌のうち，AtzA の代わりにトリアジンヒドラ
ーゼ（TrzN）をもつ菌株は，メチルチオ化トリアジンもほぼ同程度に代謝する．

　メチルチオ化トリアジンを硫黄源とする分解菌の例もあり，この場合，硫黄酸

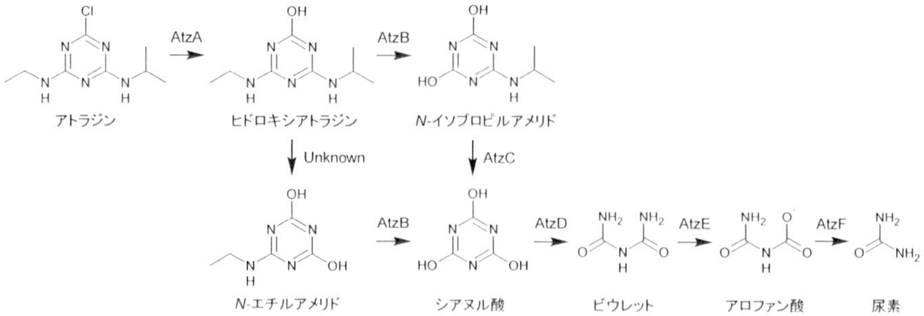

図 13.7　*Pseudomonas* sp. ADP 株によるアトラジン代謝経路（Sadowsky, 2010）

化によるメチルスルフィニル化物およびメチルスルフォニル化物生成を経て脱チオメチルし，最終的にヒドロキシ体を生成する．こうした細菌は塩素化あるいはメトシキ化トリアジンは代謝できず，また *atzA* や *trzN* に相当する遺伝子をもたないことから，新規代謝酵素の存在が強く示唆されている．

13.4.3　ネオニコチノイド系農薬

殺虫剤としては有機リン系，カーバメート系，ピレスロイド系の 3 系統が長らく使われてきたが，1990 年代にネオニコチノイド系の薬剤が新たに登場した．ニコチン性アセチルコリン受容体へのアゴニスト作用を作用機序とし，殺虫活性と植物への浸透移行性の面で優れ，現在では農業用・一般家庭用殺虫剤，防蟻剤，松枯れ防除剤，木材保存剤などとして世界 100 カ国以上で販売されている．

その一方，EU では蜜蜂の保護を目的にネオニコチノイド系殺虫剤 3 剤（イミダクロプリド，クロチアニジン，チアメトキサム）の使用が 2013 年 12 月から一部制限された．この背景には，2000 年代から欧米で頻発する蜂群崩壊症候群（CCD）の発生原因として，ネオニコチノイド系殺虫剤が疑われていることがある．CCD とは女王蜂や幼虫などを残したまま働き蜂が突然失踪する現象である．

ここでは第 1 世代とされるクロロニコチニル系のイミダクロプリドを取り上げる．本剤はカメムシ目昆虫に著効を示し，我が国ではイネの育苗箱処理用剤として多用されるほか，一般家庭や林業でも使用されている．

イミダクロプリドの生分解にかかわる微生物はいくつか知られているが，いずれも共代謝による．2 通りの代謝経路が知られ，その一方は水酸化による 5-ヒド

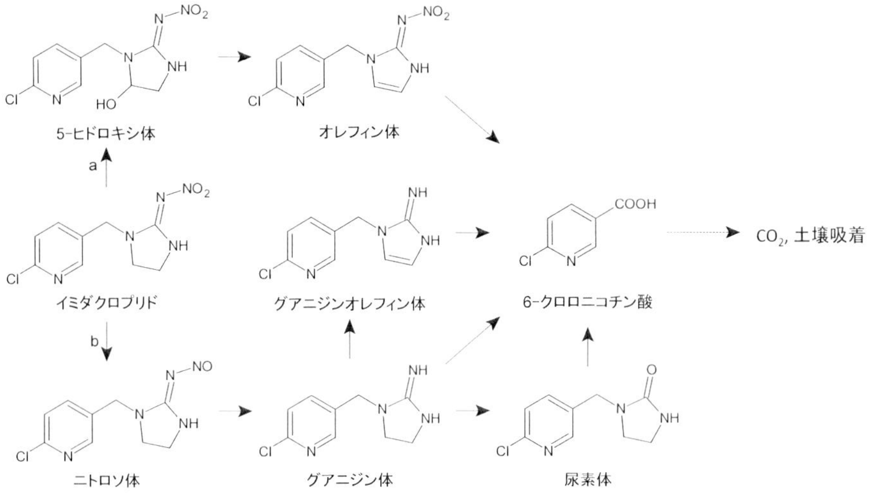

13.5 鉱 油 類　　　　　　　　167

5-ヒドロキシ体　　　　オレフィン体

a

イミダクロプリド　　　グアニジンオレフィン体　　　6-クロロニコチン酸　　　→ CO_2, 土壌吸着

b

ニトロソ体　　　グアニジン体　　　尿素体

図 13.8　2つのイミダクロプリド代謝経路：a. 水酸化経路，b. ニトロ基還元経路（Lu *et al.*, 2016）

ロキシ体への変換の後，ただちにオレフィン体となり，さらに6-クロロニコチン酸を生成する経路である（図 13.8 a）．関連酵素系はまだ不明である．なお中間代謝物のオレフィン体はイミダクロプリドよりも強力な殺虫活性をもつ．

　もう一方はニトロ基還元による経路（図 13.8 b）で，アルデヒドオキシダーゼが関与してグアニジン体および尿素体を生成する．グアニジン体や尿素体の哺乳類に対する毒性はイミダクロプリドよりも高いとされる．ほかにグアニジン体およびグアニジンオレフィン体を経て6-クロロニコチン酸を生成する細菌も単離されており，この菌株はイミダクロプリドを唯一の窒素源として生育できる．

　なお，単一の微生物がイミダクロプリドを代謝・分解してCO_2を発生させる例はまだ知られてない．

13.5　鉱 油 類

　油汚染対策ガイドライン—鉱物油類を含む土壌に起因する油臭・油膜問題への土地所有者等による対応の考え方—（環境省，2006）では，油類による汚染に起因して発生する油臭や油膜を「生活環境保全上の支障」と位置付けている．

　鉱油類はさまざまな炭素数をもつ炭化水素の混合物であり（図 13.9），鉱油類に

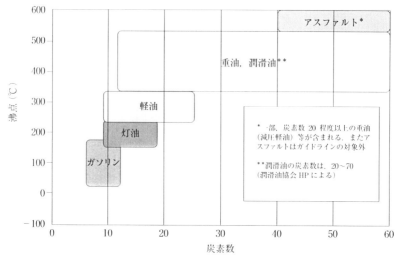

図 13.9 鉱油類の沸点範囲と炭素数(油汚染対策ガイドライン,2006)

よる土壌汚染は多様な化学物質による複合的な汚染を意味している．一般に環境中での鉱油類の好気的な微生物分解は，直鎖状炭化水素＞分枝状炭化水素＞単環芳香族炭化水素＞多環芳香族炭化水素，の順で進みやすい．

13.5.1 鎖状炭化水素

　鎖状炭化水素のうち直鎖状炭化水素は石油の主成分である．環境中での生分解性は高く，直鎖状炭化水素を炭素源として生育可能な細菌，酵母，糸状菌などが海洋や土壌などから数多く単離されている．その主要な分解経路は図13.10aに示した末端酸化経路である．まずアルカン1-モノオキシゲナーゼなどの酸化酵素が直鎖状炭化水素の末端を酸化して1級アルコールを生成し，次いでアルコールデヒドロゲナーゼによるアルデヒド生成，さらにアルデヒドデヒドロゲナーゼによるω-脂肪酸生成を経て，β酸化系に至る．ω-脂肪酸モノオキシゲナーゼによる酸化によってジカルボン酸が生成し，β酸化系へ至る経路もある．

　一部の細菌では非末端酸化経路も見つかっている．この場合，直鎖状炭化水素は2級アルコールを経てケトンへと酸化され，その後バイヤビリガーモノオキシゲナーゼによるエステルへの変換，次いでエステラーゼによる1級アルコールと脂肪酸の生成といった経路で代謝されていく（図13.10b）．

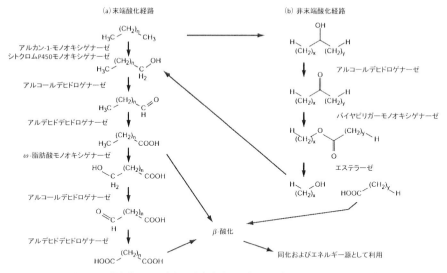

図 13.10 微生物による直鎖状炭化水素の分解過程(Van Beilen et al., 2003)

13.5.2 芳香族炭化水素

最も単純な単環芳香族炭化水素であるベンゼンはガソリンに最大で1%含まれ,鉱油類の中では唯一土壌汚染対策法の対象物質となっている.

好気的にベンゼンを分解可能な細菌は Sphingomonas や Rhodococus など,自然界に広く分布しており,その代謝機構も詳細に調べられている.その分解はジオキシゲナーゼが触媒する酸化によるカテコール生成からはじまり,その後1,2-ジオキシゲナーゼによるオルト開裂で cis, cis-ムコン酸を経てアセチルCoAとコハク酸となる(図13.11a).2,3-ジオキシゲナーゼによるメタ開裂による経路もあり,2-ヒドロキシムコン酸セミアルデヒドを経てアセトアルデヒドとピルビン酸へと至る.いずれの経路でも最終的にはTCA回路に至り,エネルギー生産に利用されて CO_2 と水にまで完全分解される.トルエンやキシレンなど,ほかの単環芳香族炭化水素も同じ代謝機構で生分解される.

また,ほとんどの糸状菌は芳香族炭化水素を分解しないが,シトクロムP450モノオキシゲナーゼを保持する一部は好気的条件でベンゼンを酸化し,アレンオキシドを経てフェノールまたは trans-ジヒドロキシベンゼンを生じる(図13.11b).これは哺乳類と共通する芳香族炭化水素の解毒機構とされ,ナフタレンやフェナ

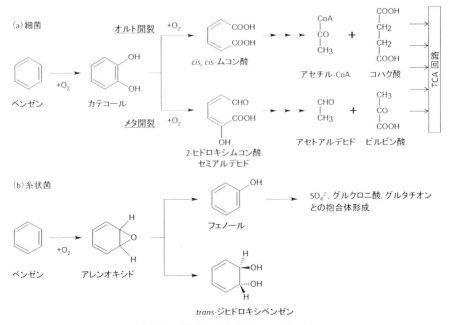

図 13.11 微生物による好気的ベンゼン分解

ントレンなどの多環芳香族炭化水素も同様に変換される．

さらに最近，*Dehaloromonas* や *Azoarcus* の細菌の一部が嫌気条件でベンゼンを最終電子受容体として硝酸呼吸することがわかり，鉄還元や硫酸還元などのほかの嫌気呼吸でもベンゼンが最終電子受容体となりうると考えられている．

多環芳香族炭化水素（polycyclic aromatic hydrocarbons：PAHs），とくに四環以上の PAHs は環境中きわめて分解されにくい．しかし，たとえばベンゾ[a]ピレンをピレン存在下で好気的に共代謝する細菌が見つかっており，ジオキシゲナーゼによるカテコールの生成から環開裂に至るものと推定されている．

原田直樹

▤ コラム4　微生物農薬・微生物資材の現状

　近年，生態系を生かした環境保全型農業や総合的病害虫管理（integrated pest management：IPM）に対する生産者や消費者の志向の高まり，さらには政策的な推進により，微生物を利用した資材に注目が集まっている．微生物を利用した資材は「微生物農薬」と「微生物資材」に大別される．微生物農薬とは，植物病原微生物や害虫に対し抗生，寄生，溶菌，競合などの機能をもつ微生物を利用した資材で，病害虫防除効果をもち，農薬取締法に基づいて農薬登録されている資材である．*Bacillus, Beauveria, Taralomyces* など40剤（2017年9月時点）が登録されている．微生物農薬の大半は種子消毒や地上部病害を対象とし，土壌病害に対する微生物農薬の開発・普及は難しいといわれている．その原因としては，①土壌中には多種多様な微生物が存在するため病原微生物に対して対抗微生物が強く作用しにくい，②病原菌と対抗微生物が遭遇する場が土壌中では限定される，などにより生物的アプローチによる防除が困難であることがあげられる（吉田・對馬，2013）．そこで近年では植物体に直接作用し，植物根圏に高い定着能をもつ植物生育促進性微生物（plant growth promoting rhizobacteria：PGPR；plant growth promoting fungi：PGPF）や植物内に棲息する内生微生物を用いた抵抗性誘導の研究・開発が活発化している（Hyakumachi *et al.,* 2014）．

　一方，微生物資材とは土壌改良資材の一部で，日本土壌肥料学会により「土壌などに施用された場合に，表示された特定の含有微生物の活性により，用途に記載された効果をもたらし，最終的に植物栽培に資する効果を示す資材」と定義されている．現在，地力増進法で政令指定されているのは「ＶＡ菌根菌資材」のみで，そのほか政令指定されていない微生物資材が200種以上も流通していると推計されている（野口，2000）．その中には添加微生物の種類や効果についての記載が不明確なものも多く，生産者は販売者からの紹介やほかの圃場における事例を参考に購入・使用しているのが現状である．このような状況を受けて，2009年に全国土壌改良資材協議会では微生物資材に関する自主表示基準を設定した．微生物資材の用途（目的とする効果）は，①生物性改善，②作物の健全化，③有機物分解促進，④養水分吸収促進，⑤作物の活力促進，⑥作物の品質向上，⑦物理性改善の7つに集約し，そのほかに含有微生物の属名，菌数，有効期限，添加材（担体）の種類・量・成分，

使用方法を最低限表示することとし，表示内容については微生物資材部会幹事会による承認を必要とする．平成30年4月現在，12社から28資材が登録されている．

　微生物資材，とくに連作障害の軽減などを目的として①生物性改善や②作物の健全化の効果を謳った微生物資材に対して効果の不安定さを指摘する声がしばしば聞かれる．多くの場合，添加微生物の圃場への定着性や生理活性が環境要因に大きく左右されることが原因であると考えられ，どのような圃場環境においても普遍的に効果を発揮する微生物資材の開発が求められている．しかし微生物という生き物を利用した資材を確実に制御することは困難であるといえ，並行して各々の微生物資材について効果が期待できる条件や利用法を解明し，生産者に理解してもらうことも課題の1つであるといえる．また福井（2003）は，微生物コミュニティー概念の重要性を唱えている．その概念とは「ある特定の環境下の微生物はお互いもちつもたれつの関係にあり，環境の変化に対して微生物相全体がそのコミュニティーの生存と増殖にとって最適な方向に遷移し，最終的にある一定の形に収束する」という考え方である．とくに土壌微生物相は相互に複雑に連鎖しているため，これからの微生物資材は，1対1の関係や単一の微生物種にとらわれることなく，微生物コミュニティー全体あるいは選択的に増幅させた特定の微生物コミュニティーの機能を，作物生産にとって有利な方向に変化させるようなアプローチも求められると考える．

　近年，土壌の物理・化学・生物性の健全性を維持する「土づくり」による作物生産の維持・向上や土壌病害の予防的対策に関心が高まっているが，その効果を最大限に利用するために微生物のはたらきは欠かせない．しかし上述したような表記の不明確さや効果の不安定さなどの問題から，普及拡大に至っていない資材が多いのが現状である．今後は，評価試験により効果を確認した資材を開発することは当然のことながら，その内容を明確に表記し，効果が期待できる条件を提示し，土壌診断に基づいた資材の選択により使用者の信頼性を獲得することが，普及の後押しになると考える．

竹腰　恵

引 用 文 献

本書引用文献・参考文献の書誌情報は，朝倉書店ウェブサイト（https://www.asakura.co.jp/）よりダウンロードできます．検索の際にご活用ください．

第1章

太田寛行他：土壌生成プロセスにおける微生物の役割．土と微生物，**69**，80-83，2015.

大羽　裕・永塚鎮男：土壌生成分類学，養賢堂，1988.

藤村玲子他：初成土壌環境における微生物—三宅島土壌生態系再生のメカニズムを探る，日本生態学雑誌，**61**，211-218，2011.

Calvaruso, C. *et al.*：Influence of forest trees on the distribution of mineral weathering-associated bacterial communities of the *Scleroderma citrinum* mycorrhizosphere. *Appl. Environ. Microbiol.*, **76**, 4780-4787, 2010.

Chadwick, O. L. *et al.*：Changing sources of nutrients during four million years of ecosystem development. *Nature*, **397**, 491-497, 1999.

Conrad, R.：Soil microorganisms as controllers of atmospheric trace gases（H₂, CO, CH₄, OCS, N₂O, and NO）. *Microbiol. Rev.*, **60**, 609-640, 1996.

Frey, B. *et al.*：Weathering-associated bacteria from the Damma glacier forefield：physiological capabilities and impact on granite dissolution. *Appl. Environ. Microbiol.*, **76**, 4788-4796, 2010.

Fujimura, R. *et al.*：Unique pioneer microbial communities exposed to volcanic sulfur dioxide. *Sci. Rep.*, **6**, 19687, 2016. doi：10.1038/srep19687

Guo, Y. *et al.*：Characterization of early microbial communities on volcanic deposits along a vegetation gradient on the Island of Miyake, Japan. *Microbes Environ.*, **29**, 38-49, 2014.

Kelly, L. C. *et al.*：Pioneer microbial communities of the Fimmvörðuháls lava flow. Eyjafjallajökull, Iceland. *Microb. Ecol.*, **68**, 504-518, 2014.

King, G. M.：Contributions of atmospheric CO and hydrogen uptake to microbial dynamics on recent Hawaiian volcanic deposits. *Appl. Environ. Microbiol.*, **69**, 4067-4075, 2003.

Kurina, L. M. and P. M. Vitousek：Controls over the accumulation and decline of a nitrogen-fixed lichen, *Stereocaulon vulcani*, on young Hawaiian lava flows. *J. Ecol.*, **87**, 784-794, 1999.

Lepleux, C. *et al.*：Correlation of the abundance of *Betaproteobacteria* on mineral surfaces with mineral weathering in forest soils. *Appl. Environ. Microbiol.*, **78**, 7114-7119, 2012.

Nakai, S. *et al.*：Provenance of dust in the Pacific Ocean. *Earth Planet. Sci. Lett.*, **119**, 143-157, 1993.

Sato, Y. *et al.*：Nitrogenase activity（acetylene reduction）of an iron-oxidizing *Leptospirillum* strain cultured as a pioneer microbe from a recent volcanic deposit on Miyake-jima, Japan. *Microbes Envi-*

174　　　　　　　　　　　　引 用 文 献

ron., **24**, 291-296, 2009.

第 2 章

犬伏和之・安西徹郎：土壌とはなにか．土壌学概論（犬伏和之・安西徹郎編），朝倉書店，p.4，2011．

服部　勉・宮下清貴：土の微生物学，養賢堂，p.37，p.86，p.89，1996．

Amundson, R.：The carbon budget in soils. *Annu. Rev. Earth Planet Sci.,* **29**, 535-562, 2001.

Babikova, Z. *et al.*：Underground signals carried through common mycelial networks warn neighbouring plants of aphid attack. *Ecol. Lett.,* **16**, 835-843, 2013.

Berendsen, R. L. *et al.*：The rhizosphere microbiome and plant health. *Trends. Plant. Sci.,* **17**, 478-486, 2012.

Broeckling, C. D. *et al.*：Root exudates regulate soil fungal community composition and diversity. *Appl. Environ. Microbiol.,* **74**, 738-744, 2008.

Drigo, B. *et al.*：Shifting carbon flow from roots into associated microbial communities in response to elevated atmospheric CO_2. *PNAS,* **107**, 10938-10942, 2010.

Ehlers, W. *et al.*：Penetration resistance and root growth of oats in tilled and untilled loess soil. *Soil Tillage Res.,* **3**, 261-275, 1983.

Finlay, R. D. and B. Sodestrom：Mycorrhiza and carbon flow to the soil. In：Mycorrhizal functioning (Allen M. F. ed.), Chapman & Hall, pp.134-160, 1992.

Fitter, A. H. *et al.*：Biodiversity and ecosystem function in soil. *Funct. Ecol.,* **19**, 369-377, 2005.

Jakobsen, I. and L. Rosendahl：Carbon flow into soil and external hypha from roots of mycorrhizal cucumber plants. *New Phytol.,* **115**, 77-83, 1990.

Jobbágy, E. G. and R. B., Jackson：The vertical distribution of soil organic carbon and its relation to climate and vegetation. *Ecol. Appl.,* **10**, 423-436, 2000.

Kautz, T.：Research on subsoil biopores and their functions in organically managed soils：A review. *Renew. Agr. Food Syst.,* **30**, 318-327, 2014.

Kuzyakov, Y. and E. Blagodatskaya：Microbial hotspots and hot moments in soil：Concept & review. *Soil Biol. Biochem.,* **83**, 184-199, 2015.

Morris, P. *et al.*：Chemotropic and contact responses of *Phytophthora sojae* hyphae to soybean isoflavonoids and artificial substrates. *Plant Physiol.,* **117**, 1171-1178, 1998.

Nakamoto, T.：The distribution of maize roots as influenced by artificial vertical macropores. *Jpn. J. Crop Sci.,* **66**, 331-332, 1997.

Pankhurst, C. E. *et al.*：Microbiological and chemical properties of soil associated with macropores at different depths in a red-duplex soil in NSW Australia. *Plant Soil,* **238**, 11-20, 2002.

Pérez-Montaño, F. *et al.*：Nodulation-gene-inducing flavonoids increase overall production of autoinducers and expression of N-acyl homoserine lactone synthesis genes in rhizobia. *Res. Microbiol.,* **162**, 715-723, 2011.

Philippot, L. *et al.*：Going back to the roots：the microbial ecology of the rhizosphere. *Nat. Rev. Microbiol.,* **11**, 789-799, 2013.

引　用　文　献　　　　*175*

Rodríguez, H. and R. Fraga：Phosphate solubilizing bacteria and their role in plant growth promotion. *Biotechnol. Adv.*, **17**, 319-339, 1999.

第 3 章

Adl, S. M. *et al.*：The revised classification of eukaryotes. *J. Eukaryot. Microbiol.*, **59**, 429-493, 2012.

Brochier-Armanet, C. *et al.*：Mesophilic Crenarchaeota：proposal for a third archaeal phylum, the *Thaumarchaeota*. *Nat. Rev. Microbiol.*, **6**, 245-252, 2008.

Money, N. P.：*Microbiology, A Very Short Introduction*. Oxford University Press, 2014.

Ward, N. L. *et al.*：Three genomes from the phylum *Acidobacteria* provide insight into the lifestyles of these microorganisms in soils. *Appl. Environ. Microbiol.*, **75**, 2046-2056, 2009.

Youssef, N. H. and M. S. Elshahed：Diversity rankings among bacterial lineages in soil. *ISME J.*, **3**, 305-313, 2009.

Zhang, H.：*Gemmatimonas aurantiaca* gen. nov., sp. nov., a Gram-negative, aerobic, polyphosphate- accumulating micro-organism, the first cultured representative of the new bacterial phylum Gemmatimonadetes phyl. nov. *Int. J. Syst. Evol. Microbiol.*, **53**, 1155-1163, 2003.

第 4 章

荒尾知人他：土壌リン脂質と微生物バイオマス・群集構造．土と微生物，**51**，49-58，1998.

星野（高田）裕子：土壌 RNA を用いた微生物群集構造解析．日本微生物生態学会誌，**22**，51-58，2007.

星野（高田）裕子・長谷部亮：土壌からの DNA 抽出法．*J. Environ. Biotech.*，**5**，43-53，2005.

村瀬　潤：安定同位体プロービング（SIP）法で探る水田土壌の炭素動態と微生物．土と微生物，**67**，39-46，2013.

Fujie, K. *et al.*：Analysis of respiratory quinones in soil for characterization of microbiota. *Soil Sci. Plant Nutr.*, **44**, 393-404, 1998.

Ikenaga, M. and M. Sakai：Application of locked nucleic acid（LNA）oligonucleotide-PCR clamping technique to selectively PCR amplify the SSU rRNA genes of bacteria in investigating the plant-associated community structures. *Microbes Environ.*, **29**, 286-295, 2014.

Metzker, M. L.：Sequencing technologies―the next generation. *Nat. Rev. Genet.*, **11**, 31-46, 2010.

第 5 章

Bertagnolli, A. D. *et al.*：Agricultural land usage transforms nitrifier population ecology. *Environ. Microbiol.*, **18**, 1918-1929, 2016.

Daims, H. *et al.*：Complete nitrification by *Nitrospira* bacteria. *Nature*, **528**, 504-509, 2015.

Leininger, S. *et al.*：Archaea predominate among ammonia-oxidizing prokaryotes in soils. *Nature*, **442**, 806-809, 2006.

Onodera, Y. *et al.*：Seasonal change in vertical distribution of ammonia-oxidizing archaea and bacteria and their nitrification in temperate forest soil. *Microbes Environ.*, **25**, 28-35, 2010.

Zeglin, L. H. *et al.*：Bacterial and archaeal *amoA* gene distribution covaries with soil nitrification properties across a range of land uses. *Environ. Microbiol. Rep.*, **3**, 717-726, 2011.

Zhu, T. *et al.*：Fungi-dominant heterotrophic nitrification in a subtropical forest soil of China. *J. Soils Sediments*, **15**, 705-709, 2015.

第6章

板倉　学他：ダイズ根粒根圏からの亜酸化窒素発生機構とその低減化．化学と生物，**49**，560-565，2011.

植田　徹・松口龍彦：窒素の循環．土壌生化学（仁王以智夫他），朝倉書店，pp.111-131，1994.

川口正代司：マメ科植物における共生と器官形成の全身的制御システム．蛋白質 核酸 酵素，**48**，1808-1815，2003.

九町健一：共生窒素固定放線菌フランキア．生物工学，**91**，24-27，2013.

九町健一・栂健太郎：窒素固定を行う放線菌．土と微生物，**70**，17-22，2016.

坂本一憲：植物-微生物共生における共通性と多様性：根粒菌と菌根菌．土と微生物，**69**，25-29，2015.

鮫島（斎藤）玲子・南澤　究：土壌生態圏はいかに窒素を獲得したか：共生窒素固定系の進化．化学と生物，**42**，346-351，2004.

下田宜司他：マメ科植物と共生微生物の感染初期過程を制御する宿主植物遺伝子研究の現況：植物の成長調節，**46**，94-102，2011.

林　誠他：共生シグナルの受容と共通シグナル伝達経路の分子遺伝学的解明. 蛋白質 核酸 酵素，**51**，1030-1037，2006.

山中高史・岡部宏秋：わが国に生息する放線菌根性植物とフランキア菌．森林総合研究所研究報告，**7**，67-80，2008.

横山　正：植物の根と微生物の相互作用．土壌微生物生態学（堀越孝雄・二井一禎編），朝倉書店，pp.37-96，2003.

渡辺　巌：日本でのアゾラ利用の現状と将来―アゾラ外来種が侵略的植物として法規制の対象に．雑草研究，**51**，178-184，2006.

Adhikari, D. *et al.*：Genetic diversity of soybean-nodulating rhizobia in Nepal in relation to climate and soil properties. *Plant Soil*, **357**, 131-145, 2012.

Fowler, D. *et al.*：The global nitrogen cycle in the twenty-first century. *Phil. Trans. R. Soc. B.*, **368**, 2013. doi：10.1098/rstb.2013.0165

Franche, C. *et al.*：Nitrogen-fixing bacteria associated with leguminous and non-leguminous plants. *Plant Soil*, **321**, 35-59, 2009.

Galloway, J. N.：The Global Nitrogen Cycle. In：*Treatise on Geochemistry* vol.8 Biogeochemistry (Holland H. D. and Turekian K. K. eds.) Elsevier, pp.557-583, 2003.

Itakura, M. *et al.*：Mitigation of nitrous oxide emission from soils by *Bradyrhizobium japonicum* inoculation. *Nat. Clim. Chang.*, **3**, 208-212, 2013.

Kennedy, I. R. *et al.*：Non-symbiotic bacterial diazotrophs in crop-farming systems：can their potential for plant growth promotion be better exploited?. *Soil Biol. Biochem.*, **36**, 1229-1244, 2004.

Li, Q. Q. *et al.*：Diversity and biogeography of rhizobia isolated from root nodules of *Glycine max* grown in Hebei Province, China. *Microb. Ecol.*, **61**, 917-931, 2011.

引　用　文　献　　　177

Okazaki, S. *et al.*：Hijacking of leguminous nodulation signaling by the rhizobial type III secretion system, *P.N.A.S.*, **110**, 17131-17136, 2013.

People, M.B. *et al.*：Biological nitrogen fixation：An efficient source of nitrogen for sustainable agricultural production?. *Plant Soil*, **174**, 3-28, 1995.

Risal, C.P. *et al.*：Genetic diversity of native soybean bradyrhizobia from different topographical regions along the southern slopes of the Himalayan mountains in Nepal. *Syst. Appl. Microbiol.*, **33**, 416-425, 2010.

Saeki, Y. *et al.*：Mathematical ecology analysis of geopraphical distribution of soybean-nodulating bradyrhizobia in Japan. *Microbes Environ.*, **28**, 470-478, 2013.

Saeki, Y. *et al.*：Effect of flooding and the *nosZ* gene in bradyrhizobia on bradyrhizobial community structure in the soil. *Microbes Environ.*, **32**, 154-163, 2017.

Sameshima-Saito, R. *et al.*：Symbiotic *Bradyrhizobium japonicum* reduces N$_2$O surrounding the soybean root system via nitrous oxide reductase. *Appl. Environ. Microbiol.*, **72**, 2526-2532, 2006.

Shiro, S. *et al.*：Genetic diversity and geographical distribution of indigenous soybean-nodulating bradyrhizobia in the United States. *Appl. Environ. Microbiol.*, **79**, 3610-3618, 2013.

Suzuki, K. *et al.*：Diversity and distribution of indigenous soybean-nodulating rhizobia in the Okinawa islands, Japan. *Soil Sci. Plant Nutr.*, **54**, 237-246, 2008.

Watanabe, I. and C.C. Liu：Improving nitrogen-fixing systems and integrating them into sustainable rice farming. *Plant Soil*, **141**, 57-67, 1992.

第 7 章

大場広輔・小島知子：アーバスキュラー菌根実験法（1）アーバスキュラー菌根共生研究へのいざない．土と微生物，**60**，53-56，2006.

大場広輔・大和政秀：アーバスキュラー菌根実験法（8）アーバスキュラー菌根菌の分子生物学的多様性解析．土と微生物，**61**，83-89，2007.

唐澤敏彦：輪作におけるアーバスキュラー菌根菌の動態と作物の生育に関する研究.北海道農研研報，**179**，1-71，2004.

小島知子他：日本各地の草地におけるアーバスキュラー菌根菌相．日草誌，**55**，148-155，2009.

斎藤雅典：草地生態系における菌根共生．日本生態学会誌，**49**，139-144，1999.

齋藤雅典：アーバスキュラー菌根菌接種技術の可能性．日草誌，**59**，274-276，2014.

西尾道徳・木村龍介：リン溶解菌とその農業利用の可能性．土と微生物，**28**，31-40，1986.

堀江直樹他：耐酸性菌根菌（*Rhizophagus clarus* RF1）資材を用いた酸性土壌法面の緑化工．日緑工誌，**42**，156-159，2016.

森　崇他：自然栽培が作物根へのアーバスキュラー菌根菌感染と土壌微生物バイオマスリンに及ぼす影響．中部土壌肥料研究，**105**，46-47，2016.

Smith, S.E. and D.J. Read：*Mycorrhizal Symbiosis*. 3rd ed. Academic Press, 2008.

van Tuinen, D. *et al.*：Charcterization of root colonization profiles by a microcosm community of arbuscular mycorrhizal fungi using 25S rDNA-targeted nested PCR. *Mol. Ecol.*, **7**, 879-887, 1998.

第8章

Ahmed, A. and S. Hasnain : Auxin-producing *Bacillus* sp. : Auxin quantification and effect on the growth of *Solanum tuberosum. Pure Appl. Chem.,* **82**, 313-319, 2010.

Ahmad, M. *et al.* : Efficacy of *Rhizobium* and *Pseudomonas* strains to improve physiology, ionic balance and quality of mung bean under salt-affected conditions on farmer's fields. *Plant Physiolol. Biochem.,* **63**, 170-176, 2013.

Davies, P. J. : *Plant Hormones : Physiology, Biochemistry, and Molecular Biology,* Kluwer Academic, 1995.

Flores-Félix, J. D. *et al.* : Plants probiotics as a tool to produce highly functional fruits : The case of *Phyllobacterium* and vitamin C in strawberries. *PLoS One,* **10**, 2015. e0122281

Glick, B. R. : Plant growth-promoting bacteria : Mechanisms and applications. *Scientifica,* 2012. 963401, doi : 10.6064/2012/963401

Glick, B. R. : Bacteria with ACC deaminase can promote plant growth and help to feed the world. *Microbiol. Res.,* **169**, 30-39, 2014.

Jourdan, E. *et al.* : Insights into the defense-related events occurring in plant cells following perception of surfactin-type lipopeptide from *Bacillus subtilis. Mol. Plant Microbe Interact.,* **22**, 456-468, 2009.

Khan, A. L. *et al.* : Bacterial endophyte *Sphingomonas* sp. LK11 produces gibberellins and IAA and promotes tomato plant growth. *J. Microbiol.,* **52**, 689-695, 2014.

Kloepper, J. W. and M. N. Schroth : Plant growth-promoting rhizobacteria and plant growth under gnotobiotic conditions. *Phytopathology,* **71**, 642-644, 1981.

Lambrecht, M. *et al.* : Indole-3-acetic acid : a reciprocal signalling molecule in bacteria-plant interactions. *Trends. Microbiol.,* **8**, 298-300, 2000.

Liu, F. *et al.* : Cytokinin-producing, plant growth-promoting rhizobacteria that confer resistance to drought stress in *Platycladus orientalis* container seedlings. *Appl. Microbiol. Biotechnol.,* **97**, 9155-9164, 2013.

Marulanda, A. *et al.* : Regulation of plasma membrane aquaporins by inoculation with a *Bacillus megaterium* strain in maize (*Zea mays* L.) plants under unstressed and salt-stressed conditions. *Planta,* **232**, 533-543, 2010.

Naveed, M. *et al.* : Drought stress amelioration in wheat through inoculation with *Burkholderia phytofirmans* strain PsJN. *Plant Growth Regul.,* **73**, 121-131, 2014.

Pishchik, V. N. *et al.* : Experimental and mathematical simulation of plant growth promoting rhizobacteria and plant interaction under cadmium stress. *Plant Soil,* **243**, 173-186, 2002.

Puga-Freitas, R., and M. Blouin : A review of the effects of soil organisms on plant hormone signaling pathways. *Environ. Exp. Bot.,* **114**, 104-116, 2015.

Ryu, C. *et al.* : Bacterial volatiles promote growth in *Arabidopsis. Proc. Natl. Acad. Sci. U.S.A.,* **100**, 4927-4932, 2003.

Ryu, C. *et al.* : Bacterial volatiles induce systemic resistance in *Arabidopsis. Plant Physiol.,* **134**, 1017-1026, 2004.

引　用　文　献　　　　　　179

Sarma, R. K. and R. Saikia：Alleviation of drought stress in mung bean by strain *Pseudomonas aeruginosa* GGRJ21. *Plant Soil*, **377**, 111–126, 2014.

Stein, T.：*Bacillus subtilis* antibiotics：structures, syntheses and specific functions. *Mol. Microbiol.*, **56**, 845–857, 2005.

Yokota, K. and H. Hayakawa：Impact of antimicrobial lipopeptides from *Bacillus* sp. on suppression of *Fusarium* yellows of tatsoi. *Microbes Environ.*, **30**, 281–283, 2015.

第9章

荒川征夫：リゾクトニア．土壌微生物実験法 第3版（土壌微生物学会編），養賢堂，pp.171–175，2013.

有江　力他：フザリウム．土壌微生物実験法 第3版（土壌微生物学会編），養賢堂，pp.175–189，2013.

土壌伝染病談話会編：土壌伝染病談話会レポート，日本植物病理学会，1992.

内藤繁雄：病気の予防と防除．最新植物病理学（奥田誠一他編），朝倉書店，p.147，2004.

日本土壌協会：土壌診断と対策，曙光印刷，2016.

農林水産省：農業経営統計調査 品目別経営統計．http://www.maff.go.jp/j/tokei/kouhyou/noukei/hinmoku/index.html

平成28年度全国農業システム化研究会：野菜の土壌病害虫対策に関する情報交換会資料（東北関東甲信越東海近畿北陸ブロック26府県）.

堀江博道編著：カラー図説 植物病原菌類の見分け方 第1編 植物病原菌類の所属と形態的特徴，大誠社，2014.

村上圭一・後藤逸男：土壌のリン酸過剰が土壌病害の発病を助長する．農及園，**82**，1290–1294，2007.

持田秀之：連作障害．環境保全型農業事典（石井龍一編），丸善出版，pp.344–350，2005.

米山伸吾他：図説 野菜の病気と害虫―伝染環・生活環と防除法，農山漁村文化協会，2005.

和田さと子：殺線虫剤が土壌中の線虫及び微生物群集に及ぼす影響．東京農工大学大学院生物システム応用科学府　博士論文，2009.

Banno, S. *et al.*：Quantitative nested real-time PCR detection of *Verticillium longisporum* and *V. dahliae* in the soil of cabbage. *J. Gen. Plant Pathol.*, **77**, 282–291, 2011.

Bonanomi, G. *et al.*：Identifying the characteristics of organic soil amendments that suppress soilborne plant diseases. *Soil Biol. Biochem.*, **42**, 136–144, 2010.

Min, Y. Y. *et al.*：A novel nematode diagnostic method by the direct quantification of plant-parasitic nematodes in soil with real-time PCR. *Nematology*, **14**, 265–276, 2012.

Oerke, E. C.：Crop losses to pests. *J. Agric. Sci.*, **144**, 31–43, 2006.

Oerke, E. C. and H. W. Dehne：Safeguarding production-losses in major crops and the role of crop protection. *Crop Prot.*, **23**, 275–285, 2004.

Sato, E. *et al.*：Effects of the density of root-lesion nematode (*Pratylenchus penetrans*), soil chemical and microbial properties on the damage to Japanese radish. *Nematology*, **15**, 931–938, 2013.

Wada, S. *et al.*：Effects of the nematicide imicyafos on soil nematode community structure and damage to radish caused by *Pratylenchus penetrans. J. Nematol.*, **43**, 1–6, 2011.

第10章

石沢修一・豊田広三：本邦土壌の微生物フロラに関する研究．農技研報 B，**14**，204-284，1964.

塩田悠賀里他：長期にわたる四要素および堆肥の欠除が水田土壌の微生物性に及ぼす影響．土と微生物，**29**，3-8，1987.

妹尾啓史：温室効果ガスと土壌微生物．土と微生物，**69**，10-15，2015.

高井康雄：湛水下の土壌中における酸化還元過程．水田土壌学（川口桂三郎編）．講談社，pp.23-55，1978.

若月利之：水田土壌．最新土壌学（久馬一剛編）．朝倉書店，pp.157-178，1997.

和田秀徳：水田土壌における物質変化と微生物．土の微生物（土壌微生物研究会編）．博友社，pp.127-171，1981.

FAOSTAT 2014　http://www.fao.org/faostat/en/#home

Kimura, M.：Anaerobic microbiology in waterlogged rice fields. In：*Soil Biochemistry Vol. 10*（J. Bollag and G. Stotzky eds.）, Marcel Dekker, pp.35-138, 2000.

Kimura, M. *et al.*：Carbon cycling in rice field ecosystems in the context of input, decomposition and translocation of organic materials and the fates of their end products（CO_2 and CH_4）. *Soil Biol. Biochem.*, **36**, 1399-1416, 2004.

Kirk, G.：*The biogeochemistry of submerged soils*, John Wiley & Sons, 2004.

Minamisawa, K. *et al.*：Are symbiotic methanotrophs key microbes for N acquisition in paddy rice root?. *Microbes Environ.*, **31**, 4-10, 2016.

Murase, J. *et al.*：Impact of long-term fertilizer treatment on the microeukaryotic community structure of a rice field soil. *Soil Biol. Biochem.*, **80**, 237-243, 2015.

Noll, M. *et al.*：Succession of bacterial community structure and diversity in a paddy soil oxygen gradient. *Environ. Microbiol.*, **7**, 382-395, 2005.

Usui, Y. and T. Kasubuchi：Effects of herbicide application on carbon dioxide, dissolved oxygen, pH, and RpH in paddy-field ponded water. *Soil Sci. Plant Nutr.*, **57**, 1-6, 2011.

Watanabe, I. and C. Furusaka：Microbial ecology of flooded rice soils. In：*Advances in Microbial Ecology Volume 4*（M. Alexander ed.）, Plenum Press, pp.125-168, 1980.

Ye, R. *et al.*：Homoacetogenesis：A potentially underappreciated carbon pathway in peatlands. *Soil Biol. Biochem.*, **68**, 385-391, 2014.

第11章

赤司和隆：土壌と根圏IV．農業技術体系 土壌施肥編第1巻．農山漁村文化協会，118-124，1975.

石沢修一・豊田広三：本邦土壌の微生物フロラに関する研究．農技研報 B 土壌肥料，203-284，1964.

駒田亘・門間敏幸：連作障害総合防除システム開発の手引き．総合農業研究叢書，**16**，13-32，1989.

西尾道徳：連作障害の発生について．土肥誌，**54**，64-73，1983.

松口龍彦・新田恒雄：きゅう肥．作物残渣の施用が畑作物の根群発達および根の糸状菌フロラに及ぼす影響．土肥誌，**58**，661-670，1987.

Holland, J. E. *et al.*：Liming impacts on soils, crops and biodiversity in the UK：A review. *Sci. Total Environ.*, **610-611**, 316-332, 2018.

引 用 文 献　　　　*181*

⊫ コラム 2

Cahyani, V. R. *et al.*：Succession of microbiota estimated by phospholipids fatty acid analysis and changes in organic constituents during the composting process of rice straw. *Soil Sci. Plant Nutr.*, **48**, 735-743, 2002.

Cahyani, V. R. *et al.*：Succession and phylogenetic composition of bacterial communities responsible for the composting process of rice straw estimated by PCR-DGGE analysis. *Soil Sci. Plant Nutr.*, **49**, 619-630, 2003.

Cahyani, V. R. *et al.*：Succession and phylogenetic profile of eukaryotic communities in the composting process of rice straw estimated by PCR-DGGE analysis. *Biol. Fertil. Soils*, **40**, 334-344, 2004.

⊫ 第 12 章

大園亨司：冷温帯林における落葉の分解過程と菌類群集．日本生態学会誌，**57**，304-318，2007.

片山義博他編：〈木材科学講座 11〉バイオテクノロジー，海青社，2002.

深沢　遊・大園亨司：植物リター分解菌とブナ林の土壌生態系．微生物の生態学（日本生態学会編），共立出版，pp.169-185，2011.

藤井一至：大地の五億年―せめぎあう土と生き物たち，山と渓谷社，2015.

二井一禎・肘井直樹：森林微生物生態学，朝倉書店，2000.

Buée, M. *et al.*：454 Pyrosequencing analyses of forest soils reveal an unexpectedly high fungal diversity. *New Phytol.*, **184**, 449-456, 2009.

Deng S. P. and M. A. Tabatabai：Cellulase activity of soils. *Soil Biol. Biochem.*, **26**, 1347-1354, 1994.

Floudas, D. *et al.*：The Paleozoic origin of enzymatic lignin decomposition reconstructed from 31 fungal genomes. *Science*, **336**, 1715-1719, 2012.

Foissner, W.：Biogeography and dispersal of micro-organisms：a review emphasizing protists. *Acta Protozool.*, **45**, 111-136, 2006.

Fujii, K. *et al.*：Environmental control of lignin peroxidase, manganese peroxidase, and laccase activities in forest floor layers in humid Asia. *Soil Biol. Biochem.*, **57**, 109-115, 2013.

Gams, W.：Biodiversity of soil-inhabiting fungi. *Biodivers. Conserv.*, **16**, 69-72, 2007.

Hofrichter, M.：Lignin conversion by manganese peroxidase (MnP). *Enzyme Microb. Technol.*, **30**, 454-466, 2002.

Jongmans, A. G. *et al.*：Rock-eating fungi. *Nature*, **389**, 682, 1997.

Kemmitt, S. J. *et al.*：pH regulation of carbon and nitrogen dynamics in two agricultural soils. *Soil Biol. Biochem.*, **38**, 898-911, 2006.

Lal, R.：Carbon sequestration. *Philos. Trans. R. Soc. B：Biol. Sci.*, **363**, 815-830, 2008.

von Lützow, M. and I. Kögel-Knabner：Temperature sensitivity of soil organic matter decomposition—what do we know?. *Biol. Fertil. Soils*, **46**, 1-15, 2009.

Poll, C. *et al.*：Dynamics of litter carbon turnover and microbial abundance in a rye detritusphere. *Soil Biol. Biochem.*, **40**, 1306-1321, 2008.

Schimel, J. P. and M. N. Weintraub：The implications of exoenzyme activity on microbial carbon and

182　　　　　　　　　　　　　引　用　文　献

nitrogen limitation in soil : a theoretical model. *Soil Biol. Biochem.*, **35**, 549-563, 2003.

Toju, H. *et al.* : Networks depicting the fine-scale co-occurrences of fungi in soil horizons. *PloS one*, **11**, e0165987, 2016.

Wallander, H. *et al.* : Estimation of the biomass and seasonal growth of external mycelium of ectomycorrhizal fungi in the field. *New Phytol.*, **151**, 753-760, 2001.

≋ 第13章

中央環境審議会土壌農薬部会土壌汚染技術基準等専門委員会：油汚染対策ガイドライン―鉱油類を含む土壌に起因する油臭・油膜問題への土地所有者等による対応の考え方，2006.

永田裕二・津田雅孝：有機塩素系殺虫剤分解菌の出現―代謝系の構築と酵素の機能．蛋白質 核酸 酵素，**50**，1511-1518，2005.

Dick, R. E. and J. P. Quinn : Glyphosate-degrading isolates from environmental samples : occurrence and pathways of degradation. *Appl. Microbiol. Biotechnol.*, **43**, 545-550, 1995.

Jitsumori, K. *et al.* : X-Ray crystallographic and mutational studies of fluoroacetate dehalogenase from *Burkholderia* sp. strain FA1. *J. Bacteriol.*, **191**(8), 2630-2637, 2009.

Kamei, I. *et al.* : Bioconversion of dieldrin by wood-rotting fungi and metabolite detection. *Pest Manag. Sci.*, **66**, 888-891, 2010.

Kataoka, R. *et al.* : Biodegradation of dieldrin by a soil fungus isolated from a soil with annual endosulfan applications. *Environ. Sci. Technol.*, **44**, 6343-6349, 2010.

Liu, C. M. *et al.* : Degradation of the herbicide glyphosate by members of the family *Rhizobiaceae*. *Appl. Environ. Microbiol.*, **57**, 1799-1804, 1991.

Lu, T. Q. *et al.* : Regulation of hydroxylation and nitroreduction pathways during metabolism of the neonicotinoid insecticide imidacloprid by *Pseudomonas putida. J. Agric. Food Chem.*, **64**, 4866-4875, 2016.

Sadowsky, M. J. : Diversity and evolution of micro-organisms and pathways for the degradation of environmental contaminants : a case study with the s-triazine herbicides. In : *Ecology of Industrial Pollution* (L. C. Batty and K. B. Hallberg eds.), Cambridge University Press, 205-225, 2010.

Sakakibara, F. *et al.* : Isolation and identification of dieldrin-degrading *Pseudonocardia* sp. strain KSF27 using a soil-charcoal perfusion method with aldrin trans-diol as a structural analog of dieldrin. *Biochem. Biophys. Res. Commun.*, **411**, 76-81, 2011.

Van Beilen, J. B. *et al.* : Diversity of alkane hydroxylase systems in the environment. *Oil Gas Sci. Tech.*, **58**, 427-440, 2003.

≋ コラム4

野口勝憲：病害制御を目指した微生物資材の評価と展開．微生物の資材化：研究の最前線（鈴井孝仁他編），ソフトサイエンス社，pp.157-167，2000.

福井　糧：拮抗微生物利用による生物防除の将来展望．拮抗微生物による作物病害の生物防除―我が国における研究事例・実用化事例―（百町満朗監修），クミアイ化学工業株式会社，pp.225-237，2003.

吉田重信・對馬誠也：植物病害に対する微生物農薬の研究開発における課題と展望．化学と生物，**51**，

引　用　文　献

pp.541–547, 2013.

Hyakumachi, M. *et al.*：Recent studies on biological control of plant diseases in Japan. *J. Gen. Plant Pathol.*, **80**, 287–302, 2014.

参 考 文 献

第1章

フェンチェル, T. 他著, 太田寛行他訳：微生物の地球化学―元素循環をめぐる微生物学, 東海大学出版部, 2015.

Johnson, D. L. and R. J. Schaetzl：Differing views of soil and pedogenesis by two masters：Darwin and Dokuchaev. *Geoderma*, **237-238**, 176-189, 2015.

King, G. M.：Chemolithotrophic bacteria：distributions, functions and significance in volcanic environment. *Microbes Environ.*, **22**, 309-319, 2007.

第2章

堀越孝雄・二井一禎編著：土壌微生物生態学, 朝倉書店, 2003.

松中照夫：土壌学の基礎, 農文協, 2014.

Callaway, R. M. *et al.*：Novel weapons：invasive plant suppresses fungal mutualists in America but not in its native Europe. *Ecology*, **89**, 1043-1055, 2008.

Eldor, P. A. ed.：*Soil Microbiology, Ecology, and Biochemistry* 4th ed., Academic Press, 2015.

Guo, Z.-Y. *et al.*：Rhizosphere isoflavones (daidzein and genistein) levels and their relation to the microbial community structure of mono-cropped soybean soil in field and controlled conditions. *Soil Biol. Biochem.*, **43**, 2257-2264, 2011.

Hassan, S. and U. Mathesius：The role of flavonoids in root-rhizosphere signalling：opportunities and challenges for improving plant-microbe interactions. *J. Exp. Bot.*, **63**, 3429-3444, 2012.

Hensen, V.：Die Wurzeln in den tieferen Bodenschichten. *Jahrbuch der Deutschen Landwirtschafts-Gesellschaft*, **7**, 84-96, 1892.

Köpke, U.：A comparison of methods for measuring root growth of field crops [oats, *Avena sativa* L.]. *Zeitschrift fuer Acker und Pflanzenbau*, **150**, 39-49, 1981.

Maier, M. R. *et al.*, eds.：*Environmental Microbiology* 4th ed., Academic Press, 2000.

Mathesius, U. *et al.*：Extensive and specific responses of a eukaryote to bacterial quorum-sensing signals. *PNAS*, **100**, 1444-1449, 2003.

第3章

日本土壌微生物学会編：《新・土の微生物 (5)》系統分類からみた土の細菌, 博友社, 2000.

細矢　剛他：カビ図鑑―野外で探す微生物の不思議, 全国農村教育協会, 2010.

宮道慎二他編：微生物の世界, 筑波出版会, 2006.

186 参 考 文 献

≋ 第4章

菅野純夫・鈴木　穣：細胞工学別冊 次世代シークエンサー：目的別アドバンストメソッド，秀潤社，2012.

鈴木健一朗他：微生物の分類・同定実験法 分子遺伝学・分子生物学的手法を中心に，シュプリンガー・ジャパン，2001.

妹尾啓史：分子生物学と土壌生化学．〈実践土壌学シリーズ〉土壌生化学（犬伏和之編），朝倉書店，印刷中．

中村和憲・関口勇地：微生物相解析技術 目に見えない微生物を遺伝子で解析する，米田出版，2009.

二階堂愛：実験医学別冊 次世代シークエンス解析スタンダード NGS のポテンシャルを活かしきる WET & DRY，羊土社，2014.

日本土壌微生物学会：土壌微生物実験法 第3版，養賢堂，2013.

≋ コラム1

Thompson L. R. *et al.*：A communal catalogue reveals Earth's multiscale microbial diversity. *Nature*, **551**, 457-463, 2017. doi.10.1038/nature24621

≋ 第5章

植田　徹・松口龍彦：窒素の循環．土壌生化学（仁王以智夫他），朝倉書店，pp.109-103，1994.

カーチマン，D. L. 著，永田　俊訳：微生物生態学—ゲノム解析からエコシステムまで，京都大学学術出版会，2016.

鮫島玲子：最近の脱窒糸状菌研究の動向と今後の展望．土と微生物，**68**，15-20，2014.

妹尾啓史：温室効果ガスと土壌微生物．土と微生物，**69**，10-15，2015.

早野恒一：植物の窒素，リン栄養と微生物．〈新・土の微生物(2)〉植物の生育と微生物（土壌微生物研究会編），博友社，pp.133-165，1997.

丸本卓哉：微生物バイオマス．土壌生化学（仁王以智夫他），朝倉書店，pp.34-51，1994.

渡辺克二・早野恒一：土壌中のプロテアーゼ生産微生物．土と微生物，**47**，9-22，1996.

Itakura, M. *et al.*：Mitigation of nitrous oxide emissions from soils by *Bradyrhizobium japonicum* inoculation. *Nature Clim. Change*, **3**, 208-212, 2013.

Lawton, T. *et al.*：Characterization of a nitrite reductase involved in nitrifier denitrification. *J. Biol. Chem.*, **288**, 25575-25583, 2013.

Qu, Z. *et al.*：Transcriptional and metabolic regulation of denitrification in *Paracoccus denitrificans* allows low but significant activity of nitrous oxide reductase under oxic conditions. *Environ. Microbiol.*, **18**, 2951-2963, 2016.

Wei, W. *et al.*：Higher diversity and abundance of denitrifying microorganisms in environments than considered previously. *ISME J.*, 1-12, 2015.

Zhu, B. *et al.*：Rhizosphere priming effects on soil carbon and nitrogen mineralization. *Soil Biol. Biochem.*, **76**, 183-192, 2014.

参 考 文 献　　　　　　　　　　　*187*

第 6 章
渡辺　厳：植物の根に共生する微生物，〈新・植物の微生物 (2)〉植物の生育と微生物（土壌微生物研究会編），博友社，pp.41-74, 1997.

Shiina, Y. *et al.*：Relationship between soil type and N$_2$O reductase genotype（*nosZ*）of indigenous soybean bradyrhizobia：*nosZ*-minus populations are dominant in Andosols. *Microbes Environ.*, **29**, 420-426, 2014.

Shiro, S. *et al.*：Temperature-dependent expression of nodC and community structure of soybean-nodulating bradyrhizobia. *Microbes Environ.*, **31**, 27-32, 2016.

Suzuki, Y. *et al.*：Effects of temperature on competition and relative dominance of *Bradyrhizobium japonicum* and *Bradyrhizobium* elkanii in the process of soybean nodulation. *Plant Soil*, **374**, 915-924, 2014.

第 7 章
梅谷献二・加藤　肇：農業有用微生物—その利用と展望—，養賢堂，1990.

大竹久夫：リン資源枯渇危機とはなにか—リンはいのちの元素—，大阪大学出版会，2011.

小川　眞：〈自然と科学技術シリーズ〉作物と土をつなぐ共生微生物—菌根の生態学，農村漁村文化協会，1987.

第 8 章
鈴井孝仁他編：微生物の資材化：研究の最前線，ソフトサイエンス社，2000.

第 9 章
大畑貫一他編：作物病原菌研究技法の基礎—分離・培養・接種—，日本植物防疫協会，1995.

田部井英夫他編：作物の細菌病—診断と防除—，日本植物防疫協会，1991.

Agrios, G. E. eds.：*Plant Pathology*, Elsevier Academic Press, 2004.

第 10 章
川口圭三郎編：水田土壌学，講談社，1978.

丸本卓哉：微生物バイオマス，土壌生化学（仁王以智夫他），朝倉書店，pp.34-51, 1994.

Conrad, R. and P. Frenzel：Flooded soils. In：*Encyclopedia of Environmental Microbiology*（G. Britton ed.）, John Wiley & Sons, pp.1316-1333, 2002.

第 11 章
犬伏和之・安西徹郎編：土壌学概論，朝倉書店，2001.

土壌微生物研究会編：〈新・土の微生物 (1)〉耕地・草地・林地の微生物，博友社，1996.

土壌微生物研究会編：〈新・土の微生物 (2)〉植物の生育と微生物，博友社，1997.

服部　勉他：改訂版 土の微生物，養賢堂，2008.

堀越孝雄・二井一禎編：土壌微生物生態学，朝倉書店，2003.

第12章

柴田英昭編：森林と土壌，共立出版，2018.

Berg, B. and C. McClaughcrty 著，大園亨司訳：森林生態系の落葉分解と腐植形成，シュプリンガー・ジャパン，2004.

第13章

鍬塚昭三・山本廣基：土と農薬—環境中における農薬のゆくえ，日本植物防疫協会，1999.

安原昭夫・小田淳子：地球の環境と化学物質，三共出版，2007.

Alexander, M. ed.：*Biodegradation and Bioremediation* 2nd ed., Academic Press, 1999.

Fritsche, W. and M. Hofrichter：Aerobic degradation by microorganisms. In：*Biotechnology*：*Environmental Processes II* (H.-J. Rehm and G. Reed eds.), pp.144-167, 2008.

Maier, R. M.：Microorganisms and organic pollutants. In：*Environmental Microbiology* (R. M. Maier *et al.* eds.), Academic Press, pp.363-402, 2000.

索　引

欧文

ACC (1-Aminocyclopropane-
1-carboxylic acid)　82

AEC (anion exchange capacity)
10

anaerobic soil disinfestation　109

anammox　24

ARISA (automated ribosomal
intergenic spacer analysis)
法　36

Azolla　53

biological soil disinfestation　109

C/N 比　44

Calonectria　93

Calonectria ilicicola　94

CBs (chlorobenzenes)　157

CEC (cation exchange capacity)
9

CFB (*Cytophaga-Flavobacteri-
um-Bacteroidetes*) グルー
プ　23

CFU (colony forming unit)　30

Clavibacter michiganensis　99

CO_2 固定微生物　2

comammox (complete ammonia
oxidizer)　46

common *nod* genes　60

CO 酸化　2

CSP (common signaling path-
way, common symbiosis
pathway)　64

Ct (threshold cycle) 値　37

DCE　161

DGGE (denaturing gradient gel
electrophoresis) 法　34

DNA フィンガープリント法　34

DNRA (dissimilatory nitrate
reduction to ammonium)
44

ectoparasitic　100

Eh　120

Erwinia amylovora　98

Erwinia carotovora　98

forma specialis　95

Frankia　20, 53, 68

Fusarium moniliforme　94

Fusarium graminearum　94

Fusarium oxysporum　95

Fusarium oxysporum f. sp.
lycopersici　95

Gaeumannomyces graminis var.
graminis　94

Gibberella fujikuroi　94

Gibberella zeae　94

Glomerella　93

Gunnera　53

H_2 酸化　2, 4

HCH (hexachlorocyclohexane)
157

IAA (indole-3-acetic acid)　80

IPM (integrated pest
management)　102, 171

ISR (induced systemic
resistance)　85, 106

ITS (internal transcribed spac-
er) 領域　36

LAMP (loop-mediated isother-
mal amplification) 法　92

LiP (lignin peroxidase)　150

LNA-oligonucleotide-PCR
clamping 技術　34

LNA (locked nucleic acid)　34

migratory endoparasitic　100

MnP (manganese peroxidase)
150

N_2O　128, 138

Nitrobacter　46

Nitrosomonas　46

Nitrososphaera　46

Nitrosospira　46

Nitrospira　46

Nod ファクター　60, 61

Nostoc　52

NO 還元酵素 P450nor　49

Olpidium　92

PAHs (polycyclic aromatic
hydrocarbons)　170

PCE (perchloroethylene)　161

PCR 増幅　33

Pectobacterium carotovorum
98

PGPF (plant growth-promoting
fungi)　87, 106

PGPR (plant growth-promoting
rhizobacteria)　86, 106

pH　137

Phyhtophtora　92

Phytoplasma　99

Plasmodiophora　91

PLFA (phospholipid fatty acid)
分析法　32

Podosphaera　93

Polymyxa　92

POPs (persistent organic
pollutants)　156

Pseudomonas syringae　98

Pythium　92

r-K 戦略　123

R/S 比　13

Ralstonia solanacearum　98

RFLP (restriction fragment
length polymorphism) 法

35
Rhizoctonia solani 94
Rosellinia necatrix 94
rRNA 遺伝子 33
　16S rRNA 33
　18S rRNA 33
SAR(systemic acquired resistance)経路 85
Sclerotinia sclerotiorum 94
Sclerotium rolfsii 97
sedentary endoparasitic 100
SIP(stable isotope probing)法 39
Spongospora 91
Streptomyces 98
T-RFLP(terminal restriction fragment length polymorphism)法 35
TaqMan プローブ法 37
TCE(trichloroethylene) 161
Thanatephorus cucumeris 94
VA 菌根菌 76
Verticillium dahliae 95
VOCs(volatile organic compounds) 160
Xanthomonas campestris 98

ア行

アカウキクサ 70, 114
アーキア 18, 25
秋落ち 116
アクチノバクテリア 20, 98
アクチノリザル植物 53, 68
アシドバクテリア 23
亜硝酸菌 45
亜硝酸酸化菌 45
アセチレン還元活性 57
アセトイン 84
アトラジン 165
アナベナ 71
アナモルフ 95
アーバスキュラー菌根 146
アーバスキュラー菌根菌 75, 78
アーバスキュル 76

アミダーゼ 44
アミド型 63
1-アミノシクロプロパン-1-カルボン酸(ACC) 82
アルカリ性土壌 137
アルドリン 159
アレニウス則 152
安定同位体プロービング(SIP)法 39
アンプリコンシーケンス 41
アンプリコンシーケンス解析 39
アンモニア化 43
アンモニア酸化アーキア 46
アンモニア酸化菌 45
アンモニア酸化バクテリア 46
アンモニア発酵 44

硫黄細菌 78
異化的硝酸還元(DNRA) 44
一次反応則 153
イチュリン 86
一酸化二窒素 47
移動性外部寄生性 100
移動性内部寄生性 100
イネいもち病菌 93
イネ白葉枯菌 98
イネ苗立枯病菌 93
イネ紋枯病菌 94
イミダクロプリド 166
陰イオン交換容量(AEC) 10
インターカレーター法 37
インドール-3-酢酸(IAA) 80

ウイルス 19, 28, 99
ウイロイド 28, 99
ヴェルコミクロビア 23
うどんこ病菌 93
ウレアーゼ 44
ウレイド型 63

エチレン 82
エマルジョン PCR 法 38
エリコイド菌根 146
エルゴステロール 1

塩素化トリアジン 165
エンド-β-1, 4-グルカナーゼ 150
エンドリン 159

オーキシン 80
オートレギュレーション 64
温暖化 138, 155

カ行

外生菌根 146
外生菌根菌 27, 146
核酸抽出 33
火傷病菌 98
下層土 116
褐色腐朽菌 145
カップリング 123
カビ 26
環境汚染物質 156
還元層 112, 115
還元的脱塩素 161
還元物質 122
環状リポペプチド 85
乾性降下 2
感染糸 61
乾燥耐性 83
乾土効果 44, 137

希釈平板法 30
キチナーゼ 43
機能遺伝子 34
キノコ 26
キノンプロファイル法 32
キノン分析 32
揮発性有機塩素化合物 160
揮発性有機化合物(VOCs) 160
吸着親和性 9
共役代謝 156
共生 52
　緩い—— 72
共生アイランド 61
共生窒素固定細菌 52, 53
共生プラスミド 61
共代謝 156

共脱窒　49
共通共生伝達経路(CSP)　64
共通シグナル伝達経路(CSP)
　　64
菌核病菌　93
菌根菌　15, 75, 146
菌糸融合群　97
菌鞘　146
菌類　91

クオラムセンシング　14
鎖状炭化水素　168
グリホサート　164
β-1, 4-グルコシダーゼ　150
黒根腐病菌　93
グロムス　26
クロロエチレン(クロロエテン)
　　類　161
クロロフレキシ　21
クロロベンゼン類(CBs)　157
群集構造解析　31
燻蒸剤　107
グンネラ　70

蛍光性 *Pseudomonas*　142
ゲノム解析　39
ゲマティモナデテス　24
ケモオートトローフ　2
原核生物　18
嫌気性菌　136
嫌気的アンモニア酸化反応　24
嫌気的脱塩素　158, 161
嫌気的脱ハロゲン呼吸　156
原生生物　27
減肥　79

好アルカリ性菌　137
好気性菌　136
好気的脱窒　49
孔隙　8
黄砂　6
好酸性菌　137
紅色細菌　22
紅色非硫黄細菌　22
鉱油類　167

黒斑細菌病菌　98
コマモックス菌　46
コムギ立枯病菌　93
根圏　13, 112, 132
根圏効果　13, 118
根圏土壌　132
根圏微生物　132
根圏プライミング効果　45
混釈法　30
根面　132
根粒菌　22, 52, 58
根粒菌群集構造　65
根粒形成遺伝子　60
根粒形態　62

サ行

細菌　18, 20, 97
最終電子受容体　120
最少発病密度　103
サイトカイニン　81
サイトファーガ-フラボバクテリ
　　ウム-バクテロイデス(CFB)
　　グループ　23
酢酸　116
作土層　111
殺菌剤　107
サツマイモ軟腐病菌　93
サーファクチン　85
酸化層　112, 114
Ⅲ型分泌系　65
サンガー法　37
残渣圏　153
酸性土壌　148
残留性有機汚染物質(POPs)
　　156

シアノバクテリア　25, 28, 70
資化　156
自活性線虫　99
ジクロロエチレン(DCE)　161
糸状菌　49, 91, 133, 145
シストセンチュウ　100
次世代シーケンサー　37, 40
自然栽培　79

湿性降下　2
シデロフォア　83
自動リボソーム遺伝子間スペー
　　サー領域解析(ARISA)　36
シトクロム P450 モノオキシゲ
　　ナーゼ　169
ジニトロゲナーゼ　53
ジニトロゲナーゼレダクターゼ
　　53
子嚢菌　26, 93
ジベレリン　81
脂肪酸　31
脂肪酸分析　31
シマジン　165
ジャガイモ疫病菌　92
重金属汚染耐性　82
樹枝状体　76
硝化　45, 154
硝化遺伝子　6
硝化菌　45
硝化菌脱窒　50
硝化作用　130
硝酸化成　45, 154
硝酸化成菌　45
硝酸菌　45
硝酸呼吸　66
小胞体　68
植物遺体　112
植物遺体圏　112, 119
植物寄生性線虫　99
植物生育促進菌類(PGPF)　87,
　　106
植物生育促進効果　72
植物生育促進根圏細菌(PGPR)
　　86, 106
植物病原微生物　88
植物防疫法　91
植物ホルモン　80
初成土壌生成　1
除草剤　126
白絹病菌　97
真核生物　18
真菌　26
真菌脱窒　49
シンビオソーム　61

水田 110
水稲根圏 117
鋤床層 112

制限酵素 35
制限酵素断片長多型(RFLP)法 35
生物的ストレス 80
接合菌 26, 93
施肥 125
セルラーゼ 149
セルロース 149
セロビオヒドロラーゼ 150
全身獲得誘導性(SAR)経路 85
全身誘導抵抗性(ISR)経路 85
線虫 99

そうか病菌 98
総合的病害虫(有害生物)管理 (IPM) 102, 171
藻類 27, 113
ソテツ 70

≡ タ行

耐塩性 83
堆きゅう肥 134
対抗植物 105
ダイズ根粒菌 48, 65
堆肥 135, 141
堆肥化 139
太陽熱消毒 108
多環芳香族炭化水素(PAHs) 170
立枯病菌 99
脱アミノ化 44
脱窒 47, 66, 154
脱窒関連遺伝子 48
脱窒菌 115
脱窒系の遺伝子 5
脱窒作用 130
脱窒能 22
田面水 111, 125
担子菌 26, 94
湛水 123

湛水土壌 112
単生(非共生)窒素固定細菌 52, 53, 71
炭素循環 151
炭そ病菌 93
団粒構造 8

地衣類 2
地球温暖化 127
逐次還元 120
窒素 43, 51
窒素化合物 130
窒素飢餓 44, 136
窒素固定 5, 51
窒素固定エンドファイト 72
窒素固定細菌 14, 22, 52
窒素固定能 52
窒素循環 65, 154
窒素無機化 43

通性嫌気性菌 136
土づくり 135
ツボカビ 26

定着性内部寄生性 100
ディルドリン 159
鉄還元菌 115
鉄酸化細菌 3
テトラクロロエチレン(PCE) 161
テレモルフ 95

独立栄養細菌 2
土壌還元消毒 109
土壌酵素 130
土壌固有型微生物 131
土壌生成作用 1
土壌の空気 12
土壌病害 88
土壌腐生菌 146
土壌溶液 11
塗抹法 30
トマト萎凋病菌 95
トマトかいよう病 99
トリアジン系農薬 165

トリクロロエチレン(TCE) 161
ドリン系農薬 159

≡ ナ行

内外生菌根 146
苗立枯病菌 97
中干し 125
軟腐朽菌 145
軟腐病菌 98

ニトロゲナーゼ 52, 53
ニトロゲナーゼ活性 56
二名法 17

ネオニコチノイド系農薬 166
ネグサレセンチュウ 101
ネコブセンチュウ 100
根こぶ病菌 91
粘液細菌 22

嚢状体 76
農薬 106, 126, 163
野火病菌 98

≡ ハ行

灰色カビ病菌 93
バイオオーグメンテーション 161
バイオスティミュレーション 161
バイオポア 16
バイオマス 130
バイオログ 39
パイロシーケンス法 38
白色腐朽菌 145
薄層重層法 30
バクテリア 20, 97
バクテロイデテス 23
バクテロイド 61
畑 129
発酵型微生物 131
発病衰退現象 94
バルク土壌 132

索　引　　193

ハルティヒ・ネット　146
半身萎凋病菌　95

微好気性菌　136
微生物群集　139
微生物資材　171
非生物的ストレス　80
非生物的ストレス耐性　82
微生物農薬　106, 171
微生物バイオマス　125, 144
ヒドロゲナーゼ　54
肥培管理　123, 134
比表面積　9
微胞子虫　26
非末端酸化経路　168
病害抵抗性誘導　84
病原菌　88
肥沃度　135

ファイトプラズマ　99
ファーミキューテス　21, 99
風化　7
風化作用　1
不完全子嚢菌　95
不完全担子菌　97
腐植　10
腐生菌　145
2,3-ブタンジオール　84
物質循環　130
プライミング効果　153
フラボノイド化合物　60
フランキア　20, 53, 68
プランクトミセテス　24
ブリッジ PCR 法　38
プロテアーゼ　43, 151
プロテオバクテリア　21, 48, 58, 98
分化型　95
分子生物学的手法　32
粉状そうか病菌　91

ヘキサクロロシクロヘキサン
　　（HCH）　157
ヘキサクロロベンゼン　157
ベシクル　55, 76

ヘテロシスト　55, 70
ペリバクテロイド膜　61
変性剤濃度勾配ゲル電気泳動
　　（DGGE）法　34
ベンゼン　169
ペンタクロロベンゼン　158

芳香族系フッ素化合物　163
芳香族炭化水素　169
胞子　76
胞子嚢　68
放線菌　20, 68
放線菌根　53, 68
圃場容水量　11
ホットスポット　15
ホルモゴニア　70

≡ マ行

マイクロバイオーム　40
マクロ団粒　8
末端酸化経路　168
末端制限酵素断片長多型（T-
　　RFLP）法　35
マメ科植物　58
マンガンペルオキシダーゼ
　　（MnP）　150

ミカエリス・メンテン式　153
ミクロ団粒　8
水ポテンシャル　11

無機化（アンモニア化成）作用
　　130
無限伸育型根粒　62
ムシゲル　13
ムル型　152

メタゲノミクス　40
メタゲノム解析　39
メタトランスクリプトーム解析
　　39
メタン　127
メタン酸化細菌　127
メタン生成アーキア　116

メチルチオ化トリアジン　165
メナキノン　32

木材腐朽菌　145
モーダー型　152
モノフルオロ酢酸　163
モノフルオロ酢酸アミド　163
モル型　152

≡ ヤ行

有機塩素系農薬　157
有機酸生成菌　77
有機農法　141
有機ハロゲン系化合物　157
有機フッ素系化合物　161
有機物分解　130
有限伸育型根粒　62
誘導全身抵抗性（ISR）　106
ユーカリア　18, 19
ユビキノン　32
緩い共生　72

陽イオン交換容量（CEC）　9
要防除水準　103

≡ ラ行

落水　125
ラッカーゼ　150
卵菌　92
ラン菌根　146
藍藻　25

リアルタイム PCR　36
リグニン　148
リグニン分解　150
リグニンペルオキシダーゼ
　　（LiP）　150
リサージェンス　104
リゾビウム　58
リター　16
リター分解菌　145
硫酸還元菌　22, 78, 116
緑化　74, 79

緑色非硫黄細菌　21
緑肥　74
緑肥作物　105
リン　75
リン鉱石　75
輪作　104

リン酸減肥　79
リン酸固定　75
リン脂質脂肪酸（PLFA）分析法
　　32
リン循環　154
リンデン　157

リン溶解菌　77

レグヘモグロビン　55
連作障害　89, 132

編集者略歴

豊田　剛己
とよ　だ　こう　き

1965 年　愛知県に生まれる
1993 年　名古屋大学大学院農学研究科博士課程修了
現　在　東京農工大学大学院農学研究院教授
　　　　博士（農学）

実践土壌学シリーズ 1
土壌微生物学　　　　　　　　　　　定価はカバーに表示

2018 年 8 月 10 日　　初版第 1 刷
2022 年 7 月 25 日　　　　第 3 刷

編集者　豊　田　剛　己

発行者　朝　倉　誠　造

発行所　株式　朝　倉　書　店
　　　　会社

東京都新宿区新小川町 6-29
郵 便 番 号　　　162-8707
電　話　03 (3260) 0141
F A X　03 (3260) 0180
https://www.asakura.co.jp

〈検印省略〉

ⓒ 2018 〈無断複写・転載を禁ず〉　　　　　教文堂・渡辺製本

ISBN 978-4-254-43571-9　C 3361　　　Printed in Japan

JCOPY ＜出版者著作権管理機構 委託出版物＞

本書の無断複写は著作権法上での例外を除き禁じられています．複写される場合は，
そのつど事前に，出版者著作権管理機構（電話 03-5244-5088, FAX 03-5244-5089,
e-mail: info@jcopy.or.jp）の許諾を得てください．

好評の事典・辞典・ハンドブック

感染症の事典	国立感染症研究所学友会 編 B5判 336頁
呼吸の事典	有田秀穂 編 A5判 744頁
咀嚼の事典	井出吉信 編 B5判 368頁
口と歯の事典	高戸 毅ほか 編 B5判 436頁
皮膚の事典	溝口昌子ほか 編 B5判 388頁
からだと水の事典	佐々木成ほか 編 B5判 372頁
からだと酸素の事典	酸素ダイナミクス研究会 編 B5判 596頁
炎症・再生医学事典	松島綱治ほか 編 B5判 584頁
からだと温度の事典	彼末一之 監修 B5判 640頁
からだと光の事典	太陽紫外線防御研究委員会 編 B5判 432頁
からだの年齢事典	鈴木隆雄ほか 編 B5判 528頁
看護・介護・福祉の百科事典	糸川嘉則 編 A5判 676頁
リハビリテーション医療事典	三上真弘ほか 編 B5判 336頁
食品工学ハンドブック	日本食品工学会 編 B5判 768頁
機能性食品の事典	荒井綜一ほか 編 B5判 480頁
食品安全の事典	日本食品衛生学会 編 B5判 660頁
食品技術総合事典	食品総合研究所 編 B5判 616頁
日本の伝統食品事典	日本伝統食品研究会 編 A5判 648頁
ミルクの事典	上野川修一ほか 編 B5判 580頁
新版 家政学事典	日本家政学会 編 B5判 984頁
育児の事典	平山宗宏ほか 編 A5判 528頁

価格・概要等は小社ホームページをご覧ください.